你坚持的原则
其实害了你

捨てるべき
40の「悪い」習慣

〔日〕午堂登纪雄◎著

赖郁婷◎译

北京联合出版公司
Beijing United Publishing Co.,Ltd.

图书在版编目（CIP）数据

你坚持的原则其实害了你/(日)午堂登纪雄著；赖郁婷译. —— 北京：北京联合出版公司, 2018.10

ISBN 978-7-5596-2450-5

Ⅰ.①你… Ⅱ.①午… ②赖… Ⅲ.①人生哲学—通俗读物 Ⅳ.①B821-49

中国版本图书馆CIP数据核字（2018）第176543号

北京市版权局著作权合同登记号：01-2018-5298号

SUTERU BEKI 40 NO WARUI SHUKAN
Copyright © T.Godo 2014
Chinese translation rights in simplified characters arranged with
Nippon Jitsugyo Publishing Co., Ltd.
through Japan UNI Agency, Inc., Tokyo

你坚持的原则其实害了你

作　者：（日）午堂登纪雄　　　　译　者：赖郁婷
责任编辑：昝亚会　夏应鹏　　　　特约编辑：杨　凡　黄川川
产品经理：于海娣　　　　　　　　版权支持：张　靖

北京联合出版公司出版
（北京市西城区德外大街83号楼9层　100088）
北京联合天畅发行公司发行
天津光之彩印刷有限公司印刷　新华书店经销
字数：110千字　　787mm×1092mm　　1/32　印张：7.75
2018年10月第1版　　2018年10月第1次印刷
ISBN 978-7-5596-2450-5
定价：52.00元

前言

看完目录，其中应该会有让你觉得"跟自己有关"的内容。

如果完全没有让你有这种感觉的内容，那么现在就请你合上这本书，把它放回书架上也无妨。

不过，如果发现有让你想"舍弃"的内容，请务必将这本书随时放在身边参考，直到完全舍弃那样东西为止。

每舍弃一样东西，你的人生就会产生一些实质性的改变。而当你舍弃所有想抛弃的东西时，无论是想做的事、重视的事物或是未来的目标，一切都会变得更加明确。那就是你放下这本书的时候了。那个阶段的你，应该已经不再需要像本书这类的励志书了。接下来，你应该做的，是将阅读的重心转移到对自己的未来目标提供帮助的"实用类"书籍上。

午堂登纪雄

目录

CONTENTS

1

第二章

"功利"结交，朋友更少却更好

CONTENTS

3

第四章

10 倍工作力，解决职场难题

CONTENTS

第五章

职场精进，离成功更近一步

第六章

主动跃迁，高效时代的内心修炼

CONTENTS

第一章

精确表达，开口就能说重点

01

经常说"不"，不如不说

×　舍弃否定句　×

- **无法舍弃的人**

  优秀的人离你远去，负面的人向你靠拢。

- **成功舍弃的人**

  学会可以达成目标的"正面思考"。

"我做不到。"

"这风险太高了。"

"做了也没用。"

"好无聊。"

有人习惯将类似的话挂在嘴边。

不管怎样，现在就立即改掉这样的否定句吧。

因为否定句具有某种负面能量，会使想要提拔你或帮助你的人离你远去。

对于会说出"我做不到"或"这风险太高了"的人，没有人会愿意为之提供建言，更不会想要提供帮助。大家都会认为，这样的人"不管跟他说什么，他一定都会觉得行不通"，无法接受任何有用的建议或协助。

对于总是说"做了也没用""好无聊"的人，也不会有人想找这样的人一起尝试新事业或具挑战性的计划，因为大家都觉得一定会被泼冷水。久而久之，这样的人就不会再有新的机会找上门了。

不只如此，否定句甚至会让人停止思考。面对任何事物，一旦认为"做不到""没有用"，大脑便会停顿下来，不再做更深入的思考，也就不会试图寻找解决问题的方法，即便事情仍有一丝的可行性。

举例来说，如果有人跟你说"我知道有个方法可以移民海外"，你会怎么想？

大多数人的直接反应，恐怕都是"我在这里还有工作，不可能移民"，或是"在这边还有房子，办不到啦""到了国外，语言又不通，怎么可能移民"等。有这些念头的同时，你的大脑就已经放弃思考，不再寻求移民的方法了。

● 全力启动大脑，一定能找到解决方法

事实上，移民真的办不到吗？

例如，以"国名＋房地产"等关键词去搜寻，会发现全世界很多国家都有日本人经营的房地产服务，如此一来，就能通过这些渠道在当地找到住所。又如，以"国名＋签证"去检索，就能得知想取得当地长期居留证需要具备哪些条件。

以我曾待过的菲律宾来说，只要在当地银行内有两万美元的存款，并每年交三百六十美元的签证延期费，就能取得一年期限的长期签证。至于房租，在宿务等比较廉价

的地区，两室两厅每个月只要五千比索（约一百五十美元）就能租到。

也有人会担心移民之后孩子的教育问题，其实某些国家的国际学校学费比日本国内的国际学校还要便宜。以我在当地拥有不动产的马来西亚为例，那里的国际学校一年学费只要约五十万日元，而且在那里还能学到英文和中文。再加上本身的母语日文，孩子就等于具备了足够能力，可以适应国际上大部分的工作环境。

接下来是赚取收入的问题。

对翻译、写作、设计相关工作来说，最后可以用电子数据交稿，因此在任何地方都可以工作。或者也可以在网络上搜寻"海外就业"，会出现很多海外求职网站，便能从中选择日系企业的海外分公司来工作。

写到这里，我尝试搜寻了一下海外工作，发现了一则"日系企业驻马来西亚现场工地品管员，月薪三十万日元"的招聘广告。以月收入平均不到十万日元的当地物价水平来看，这样的待遇可以说非常优渥。不过，这个工作的应征条件中，有一项是"必须具备英文能力"，因此想要获得这份工作，只要从现在开始马上学习英文就可以了。

现在，在 Skype（一款即时通信软件）上有很多一对一的英语会话课程，价格大约每三十分钟一百五十日元。换算下来，每天两小时的课程只要六百日元，差不多是一顿午餐的费用而已。

全力启动大脑，努力搜寻信息，找出合理的可行办法。如此一来，就会清楚地看到阻碍成功的要素，就能想出方法来一一消除这些困难。

那些说"做不到"的人，真的这样深入思考、想过办法吗？总是把否定句挂在嘴边，是非常危险的行为，因为这么做等于是主动放弃了自己的可能性。

02

这世界上从不缺少更努力的人

×　舍弃在话语中突显自我　×

● **无法舍弃的人**

　　被视为自以为是、啰里啰唆的人。

● **成功舍弃的人**

　　专注于成果，通过努力获得好评。

"我被上司责骂了，可是他完全没看到我的努力。"

"这个社会的体制实在太不公平了！我这么努力，年收入却只有这么点儿。"

这种"我很认真""我很努力"的说法，也是不得使用的代表句子之一。

"认真……""努力……"这类的句子，应该是用来评价自己以外的人，并非用来在他人面前自我评价、突显自己。

举例来说，也许你觉得一天打五十个业务电话就称得上"很努力"，但说不定其他公司的最佳业务员一天会打一百个电话。

又如，一天努力工作十二小时，年收入只有三百万日元，觉得这实在太不公平而感到不满，但或许在其他行业中，有人一天工作十六小时都还嫌不够。

事实上，在我以前所任职的管理顾问公司中，一天工作二十小时是常有的事，而且通常都没有周末假日可言。即便如此，大家还是做得很起劲，没有任何人感到不满或不公平。

华人和韩国人面对工作时也是同样的态度，尤其是企业精英，他们在工作上的努力更是日本人所无法想象的。甚至在日本，周日营业的餐厅通常是中餐厅，由此可知他们连假日都没有休息。

也就是说，就算你觉得自己已经很努力了，事实上，社会上比你付出更多努力的人多到数不清。倘若对这样的现实状况一无所知，只会一味地强调自己"很努力"，那么说再多也只会让人看笑话而已。

● 在商场上，结果就是一切

在企业环境中，基本上大家都只会根据结果来做评价，对于过程毫不在意。

纵使有再棒的想法，如果只是想而没有说出口，就等于什么都没想。即使再努力自我进修，倘若无法对公司有所贡献或为自己增加收入，等于什么都没学到。

尤其在工作上，交出成果才能赢得大家对过程的赞许。只有对象是学生时，大家才会肯定他在过程中的努力。倘若是对一个在工作上交不出成果的人说"你已经很认真了""你很努力了"，大多数时候只是安慰罢了。

举例来说，如果你的下属或后辈对你说"我也很认真啊！"或是"我都这么努力了，为什么只得到这样的评价"，你会做何感想？

想必你会觉得对方很烦，心想："我知道你的感受，可是……""你说你很努力，是跟谁比呢？""具体来说，你做了什么努力呢？""你觉得这样就叫作努力了吗？"并感到哑口无言。

真正可以获得赞赏的人，会让他人来评价自己，以结果来一决胜负，这也代表着接受"这一切都是自己的责任"，无论是胜还是败。

因此，这样的人不会满腔怨言，而是专注于眼前的工作。即使最后交不出成果，也会坦然接受，将失败当成经验。在周遭的人看来，这样的工作态度非常值得信赖，是个负责、不会找借口的人。因此，不要再期望以过程中的努力来获得评价了，应该专注于付出才对。

● 肯定过程，是为了磨炼做事方法

虽然说最后的成果才是一切，但并不表示"过程毫不重要"。要做到舍弃"我很努力"的想法、专注于交出最后的成果，首先必须能"从结果去反推思考过程"。

也就是说，必须先了解"想得到成果，就必须做"，或是"如果最后的结果不如预期，一定是过程中哪里做错了"等。

例如，面对"收集一百名潜在客户名单"的工作，如果已经找了亲朋好友帮忙，也做了电话和街头营销，最后只收集到十个人的名单，却觉得自己已经尽力了，希望这份努力可以被看见，这样的想法是不行的。

相反，应该针对"如何收集到一百名潜在客户名单"来拟定方法并实践，验证其可行性。如果无法达到目标，就必须找出原因，重新拟定办法，并进一步实践与验证。

如此不断重复地假设及验证，向上司、同事和下属寻求意见与建议，尝试所有想得到的方法，不停地错误尝试，甚至到大家都觉得"不必做到这样"，不禁想"劝退"的地步。如果这么做还无法达到目标，就坦承自己能力不足。

看到这样的态度，大家也会肯定你的努力，认为"你都这么努力尝试过了，就别在意了"。

03

忙在嘴上不如忙在腿上

×「舍弃说"我很忙"」×

● 无法舍弃的人

　　无法留意到大环境的变化。

● 成功舍弃的人

　　提升观看大局及处理工作的能力。

从今天开始，把"我很忙"这句话也舍弃，不要再用了。

那些会说"我很忙"的人，大多是虚荣的人，不过是想借强调"我很能干"来消除自己无法完全发挥能力的焦虑，或只是想借此来隐藏自己的自卑或无能。

有人会以"对不起，我太忙了，所以……"来作为没有遵守时间约定的说辞，而这样的人通常都会丧失信用，因为大家会看穿他不过是个以自我为中心的人，只重视自己的事，完全不在乎他人。

也就是说，"我很忙"这句话，只是揭露了自己没有自信又爱面子的脆弱内在，更让人看出你的自我中心想法，是非常羞耻的一句话。

要是试着一直刻意地说"我很忙""我很忙"，会发现自己真的不可思议地变得很慌乱。就好像一到年底，明明事情没有比平常多，却总觉得心情变得焦躁许多。

一旦变得焦躁慌乱，就无法抱持宏观的角度，也没有多余的心思去仔细思考了。这之所以会成为问题，是因为如此一来便无法察觉到外界的变化。

无论是业界市场整体萎缩、社会不景气等大环境的状况，还是在小事情上的方向调整，例如，察觉客户的状况不太对劲，需要重新调整对方的信用额度，或是家里出现不满的声音，需要多花时间关心等，对周遭环境的改变，以及自己该如何因应改变来调整自我方向，都会因为"我很忙"的心态而变得毫无自觉。

当然，人偶尔也会全心全意投入某件事情当中，但如果忙到整个心思都放在上面，便无法察觉环境的变化，或重要的人所发出的信息。

因此，你要做的便是把"我很忙"这句话从你的词汇中删除。具体方法很简单，不要再说"我很忙"，而是对自己说"我还忙得过来"，这样就行了。

这么说有两个效果，其中一个效果是可以不再为自己找借口，将大脑从"我忙不过来"切换成"该怎么做才能更顺利地完成工作"。当大脑这么切换后，就会进一步去思考可行的方法，例如，"先把问题全部列出来，重新思考优先级"。这将使你对工作量的接受度变得更大，在处理工作的能力上也会有所提升。

● 让思考游刃有余

另一个效果是，可以让大脑思考变得更加游刃有余。

你坚持的原则其实害了你

即使很忙，也要告诉自己："我不忙。"借此将心理状态从"好多事要做"的混乱，一步步引导至冷静。

如此一来，面对事情的优先级，就能做出更有弹性的调整，同时也能考虑到未来的工作或人生方向，而不是只有眼前的工作。从此，不再被工作追着跑，而是对工作产生了"操控在我"的自信。

我平常也是通过这种做法，在专注于当下工作的同时，提醒自己随时仔细思考未来的长期计划。

这么做还有一个好处，就是会让自己看起来更稳重，即使很忙，也总是一副"没问题"般悠然自得的神情，这份余裕将展现出企业家的大气。

比起总是把"啊！好忙，好忙！"挂在嘴边、做起事来手忙脚乱的人，冷静面对工作的人总会让人感觉更"能干"，而且不只在工作上可以信赖，也会让人觉得更好沟通。这样的人，当然就能得到上司和下属的信任。

● 你知道日本首相有多忙吗

以 2014 年 8 月为例，日本首相必须出席共七十九个会议（数据出自"首相官邸网站"：首相、副首相及内阁长官

共同出席的会议），除此之外，还有出访行程、记者会，以及会晤海外重要人士等，可以说相当忙碌。

下面所介绍的是某首相某日的所有行程，相较之下，连我也觉得自己实在太悠闲了。这时候就会了解，面对工作时，就算觉得已经超过自己所能负荷的工作量，也还是有很大的发展空间。

首相某日行程

8:02	离开东京富谷的私宅。
8:16	抵达首相官邸。
8:25	开始内阁会议。
8:41	内阁会议结束。
9:42	离开官邸。
10:19	抵达横滨市西区的横滨洲际大饭店。
11:11 ~ 11:19	会晤埃塞俄比亚总理德萨莱尼。
11:25 ~ 11:41	会晤塞内加尔总统萨勒。
11:54 ~ 12:14	会晤利比里亚总统希尔利夫。
12:19 ~ 12:38	会晤索马里总统马哈茂德。
13:37 ~ 14:02	会晤南苏丹总统基尔。

14:08 ～ 14:31	会晤加纳总统马哈马。
14:37 ～ 14:58	会晤莫桑比克总统格布扎。
15:06	离开横滨洲际大饭店。
15:07	抵达同区横滨国际和平会议中心。
15:09 ～ 15:17	出席由日本和索马里两国与非洲联盟委员会（AUC）共同举办的"索马里特别会议"。
15:18	离开横滨国际和平会议中心。
15:19	抵达横滨洲际大饭店。
15:20	离开横滨洲际大饭店。
15:23	抵达同区横滨皇家花园酒店。
15:38 ～ 15:44	出席由"Alliance Forum Foundation"在横滨皇家花园酒店芙蓉宴会厅举办的"AFDP非洲领袖与企业领袖高峰会"。
15:46	离开横滨皇家花园酒店。
15:50	抵达横滨洲际大饭店。
16:01 ～ 16:26	会晤科特迪瓦总统瓦塔拉。
16:28	离开横滨洲际大饭店。
16:30	抵达横滨国际和平会议中心。
16:31 ～ 16:35	出席"2013 年非洲博览会"开幕仪式。

16:38 ~ 16:50	与神奈川县知事黑岩祐治视察非洲博览会。
16:51	离开横滨国际和平会议中心。
16:52	抵达横滨洲际大饭店。
17:04 ~ 17:20	会晤布基纳法索总统卡波雷。
17:29 ~ 17:47	会晤阿尔及利亚国民议会议长。
18:35	离开横滨洲际大饭店。
18:37	抵达横滨皇家花园酒店。
19:00 ~ 19:55	与横滨市长一起于酒店内凤翔宴会厅举行欢迎酒会。
19:57	离开横滨皇家花园酒店。
19:59	抵达横滨洲际大饭店。
凌晨	入住横滨洲际大饭店，没有访客。

04

小心！牢骚会毁了你

× 舍弃抱怨 ×

● **无法舍弃的人**

　　想象力变得贫乏，人生没有长进。

● **成功舍弃的人**

　　成为擅长心理控制的人。

"整家公司都是笨蛋。"

"老板根本什么都不懂。"

"主管真的很无能，真糟糕。"

"为什么是他……"

下班后的居酒屋里，总是充满了这些抱怨。偶尔发泄一下情绪或许无妨，不过我周遭的成功者从来没有谁是满口抱怨的。

大家不妨从理性的角度来思考，为什么爱抱怨的人无法成功。

①不理性、不适合体制

会抱怨上司或同事的人，大多不会在当事人面前直说，而是私底下说。这不仅仅是因为没有勇气面对当事人直接抱怨，更是因为自己无法理性表达对对方的不满与建议，也无法说服对方。

这些都只是以自我为出发点的抱怨，无法说出合理的原因使对方接受，因此成了在背后说人长短的行为。

例如，因为上司指示不清楚而再三被要求重做，如果对此感到不满，可以坦白告诉上司："老是重做，一点儿效率也没有，是不是可以在一开始就先具体针对最后的成果达成共识？"这么说应该不难。

当然，某些人的确"怎么说也没用"，但大多数时候，通常是因为你受到自己情绪的影响，而无法理性地和对方沟通。更何况，如果真的有所不满，本来就应该针对现况提出客观且具建设性的改善建议。

也就是说，爱抱怨的人通常会被视为思考非常情绪化、非理性的人。这样的人，当然不可能成为企业所需要的人才。

②自我中心

抱怨不过是"自己对于他人言行或现状所产生的一种感受"而已。

当对方或现状顺自己的意时，就会感到满意。相反，"不满"就是人、事、物不符自己期待时所产生的一种情绪。也就是说，因为对方的行为不符自己的期待，因而产生了"他是笨蛋"或"生气"等情绪反应。

之所以无法抑制不满的情绪而抱怨对方，是因为觉得"自己是对的"。这种类型的人，其思考逻辑通常是"我没错，不需要改变。错的是对方，所以要改变的应该是他"。

没有考虑到对方的立场和价值观与自己不同，只会将自己的期待强加在对方身上。自己完全不想改变，只期望对方改变。这不是自我中心是什么？可想而知，这样的人一定得不到周遭人的支持。

③不具备果断力

假使有人说："我的老板是个笨蛋。"不妨试着指出他的思考盲点，告诉他："那么在笨蛋老板底下做事的你，不就是个没救的笨蛋吗？"

就连老鼠也知道要逃离即将沉没的船，如果明知道是笨蛋老板或无能公司，却还继续留在里头，他的判断力也不过尔尔。我们经常会看到的一种情况是，那些会说"我辞职给你看！"的人，通常会一直留在公司，而不会辞职。

优秀的人一旦觉得"已经无法在这里得到成长"，便会静静地辞掉工作离去，完全不会四处张扬。所以当大家发现时，都会感到非常震惊。

发现"不行了"的时候，是即刻采取行动，还是只会抱怨却毫无动作，两者之间所展现的果断力有着天壤之别。

④对自己的言行后果缺乏远见

不管哪个时代，离职原因的第一名都是"人际关系"。

其中最惨的离职例子，是因为埋怨公司、老板或上司而渐渐被公司边缘化，最后不得不离开。

抱怨传来传去，最后一定会传到当事人的耳朵里。

举例来说，C在私底下抱怨上司，听到的人在其他场合也跟着说同样的抱怨，久而久之，上司就会发现有人在背后说他的坏话。

这时候，如果上司发现A和B都说了同样的抱怨，心里就大概有谱了，可以推测出"这应该就是与A、B都很要好的C所说的"。

上司也是人，对于说自己坏话的员工，自然不会想再给予提携。就算在该名员工面前微笑以对，也是装出来的，就连打招呼也只是做表面功夫罢了，最后渐渐就不会再跟该员工说话了。

员工也会感受到上司或老板对待自己的态度有所转变，于是也变得越来越尖锐，随之而来的是，总觉得在公司越待越不舒服。

这时候，便会妄下结论："这家公司实在太无趣了。"面对工作时不再投入，连带地交不出成果，在公司的立场变得越来越糟，和公司越来越疏离，最后不得不考虑离职⋯⋯

这种类型的人，不管到哪里都会发生一样的状况，只会落得不断换工作的命运。也就是说，满口抱怨或说人长短，都是把自己逼往绝境的一种自杀行为。

这一切的根本问题，就在于对人、事、物不够敏感，无法预料到自己的言行将招致何种后果。像这样缺乏远见的人，当然无法成大事。

⑤浪费时间

成功者不会抱怨的最大原因是，他们最讨厌把时间浪费在没有产能的事物上。光是抱怨，改变不了任何事。

和消极的人一起做事，会浪费很多时间听对方抱怨，所以能干的人都会远离爱抱怨的人。而爱抱怨的人，其周遭自然就只会剩下同样满口抱怨的人。

言语有放大情绪的作用，一旦说出口，大脑听到之后会重新认知，使得情绪越来越强烈，最后就会成为爱抱怨的人。

只要这样想一下就会知道，抱怨或不满是只有笨到不行的人才会做的行为。

● 面对不满的情绪时，该怎么做

一旦产生不满的情绪，当然不可能一下子就能排解。任何人都会有"生气"的时候，我也一样，重要的是能不能引导好"生气"所带来的负面情绪。

这时候的方法之一是，找出淡化自己和对方或状况之间利害关系的方法。

举个极端一点儿的例子，某电视台的韩国节目比例太高，引发观众的抗议。其实，观众如果对此感到不满，只要不看就不会知道电视台播了哪些节目，就不会在意了。

另一个方法是，思考"自己可以怎么排解不满的情绪"。不是期待对方改变，而是找出自己可以做到、可以改变的方法。

例如，对对方"没有主动联络"的行为感到气愤时，只要自己迅速与对方联络、询问状况就行了。

焦躁和不满是因为无法使他人如自己所愿，这时候，只要针对排解情绪，找出自己能做到的方法并实际去做，不满的情绪就能获得平息了。

05

聪明人都在找方法

×舍弃借口×

- **无法舍弃的人**

  众人离你远去。

- **成功舍弃的人**

  赢得他人的信赖。

在商场上总是为自己找借口的人，会丧失周遭人的信赖，而且不会受到重视。

　　在职场上，经常可以看到这种情况，当上司问下属："一直都没有看到××公司的估价单，发生什么事了吗？"下属的回答是："因为对方还没回复。"

　　不过，这种说法等于在说："是对方在拖时间，不是我的错。"上司听了当然会生气，要求下属迅速与对方联络确认。

　　上司真正期待听到的，是下属因自己的疏失而道歉，并提出具体的应对方法。例如，"对不起，我应该更密切地与对方联络确认才对。我现在立刻就给对方打电话，请他们尽快回复。等我确认清楚之后，今天下午马上向您报告"。

　　如此一来，由于已经知道接下来要怎么处理，上司就没有理由继续生气了。"这样啊，那就拜托你尽快了。"

　　会找借口的人，无论任何事都会先想道："自己没有错，错的都是别人。"

　　这种类型的人，已经习惯以自我保护为优先，遇到事情就只会想尽办法"摆脱责任""避免自己成为大家责备的目标"。

也因为这样，当企业家或政治家发生丑闻时，一旦在记者会上为自己找借口，媒体便会针对他逃避责任的态度"大肆炒作"。

这种类型的人，其想法从来就不是"能够承担责任的人才叫勇敢"或"正视问题"等，而是以自我为中心，认为"道歉就等于认输了，我不甘心"或"如果自己受到责难，一定要拉其他人一起下水才肯罢休"。

● 失败的经营者能东山再起的原因

我朋友是很成功的房地产开发商，以前他只是上班族，后来公司受到雷曼兄弟事件的波及倒闭了。

在倒闭前夕，公司资金周转不灵，当然付不出款项，因此必须去向投资人和债权人一一说明。一般来说，大家都很讨厌做这种事，因为一定会换来一顿痛骂，还会被追问："什么时候能付钱？""为什么会变成这样？"所以大家都选择逃避，结果只会惹得债权人越来越愤怒。

可是，我的朋友当时不但没有逃避，反而每周都向大家说明最新状况。对象不只是投资人和债权人，还包括积欠款项的所有人。不仅如此，他还会直接跟对方面对面说明，而不是通过电子邮件。

　　他持续这么做，一直到公司倒闭、自己被解雇为止。后来，大家都认为他很诚实，因为只有他会确实说明状况，因此对他的态度都给予了肯定。

　　公司倒闭之后，他创立了房地产公司。过去那些曾被他拖欠款项的客户，都纷纷给他提供土地情报或贷款。

　　尽管经济状况不景气，他却能有个好的开始，到第三年就急速成长，创造出年营收三十亿日元的成绩。

　　就算最后的结果会对自己造成不利，但只要不找借口逃避，负责到底，一定可以获得对方的信赖。

06

行动的差距就是人生的差距

×舍弃光说不练×

● 无法舍弃的人

　　被视为只会出一张嘴的"麻烦人物"。

● 成功舍弃的人

　　成为改变组织的关键人物。

会高谈理论的人，通常都极富正义感，一般来说都很认真、很优秀。

因此，假使公司组织有不合理或矛盾之处，这种类型的人就无法视而不见。然而，所谓企业，从某方面来说，本来就存在着矛盾与非效率。

之所以默视而不处理，是因为公司认为这些都是必要之恶，或是比起花费精力去解决，不如维持现状更轻松。也可能是因为这些问题造成的实际危害并不大，或是当初公司创立时所立下的规定，已经行之有年，无法说改就改。

当然，如果是涉及不法或不当的行为，就一定要正视。对于明显会对客户或公司造成危害的问题，也必须当下立刻修正。不过，大部分组织中，多多少少存在着让人无法接受、不合理、没有效率的做法或文化。

"我们公司落伍了。"

"这种事情竟然也能存在，这个体系实在太奇怪了。"

会说这些话的人，对公司而言是很讨厌的，最后容易被视为"麻烦人物"。因为大家都知道公司存在这些问题，就算特地拿出来讨论也不会有任何改变。

● 把握时机者的做法

相反，把握时机的人会默默接受组织里的不合理或矛盾。这些人明白，跟公司对抗只是白费力气，所以他们思考的是在这样不合理的组织中该如何因应。

在思考"问题如何解决"时，他们会说得比较客观且周全。

例如，"那种做法会有大家说的这些问题产生，要不要试试看 × × 的方法呢"？

如果自己的说法不被接受，这种类型的人会改变做法，例如，将上司可以接受的所有原因、方法和成果，都整理成提案报告，或是自己先尝试进行，最后再交出实际成果，以证明自己的主张是正确的，来说服公司。

以下是我朋友的房地产公司的例子。

他的公司里，有某个销售团队的业绩一直不佳，于是公司便下指示，假使无法达到目标，将取消下一次的奖金。这项决定让团队所有成员都产生了危机感，于是大家都报名参加了昂贵的进修课程，学习如何招揽客户。

该课程首先要学员自己举办免费讲习，将讲习的过程录下来，做成影像。接着，将这段影像免费送给通过网站或传单了解并登录电子邮箱的人，借此宣传活动。在寄送影像时，也要随信附上免费讲习和咨询会的信息。

由于业绩没有达到预定目标，所以参加课程和举办讲习的费用都无法向公司申请，就由所有成员自掏腰包一起分摊。

半年后，该团队的业绩急速上升，成为全营业部的冠军，不仅奖金没有被取消，甚至还加薪了。

公司当然对这个团队的巨大变化感到不可思议，询问后，才知道背后的这些过程和努力。

后来，公司对于团队的努力和成果给予很高的评价，因此，团队之前所共同分担的费用，全部由公司支付。

光是口中喊着"改变"，每个人都会。不过，如果空有口号，没有行动，充其量只是不负责任的发言罢了。"光说不练"的人，就算脱口而出"既然这样，我就来做吧！"，最后也会因为害怕承担责任而变得消极逃避。而这一切上司都会看在眼里，当然就不可能对这样的人给予任何协助或提拔。

与其光说不练，不如主动做出成果。如果觉得有改变的必要，就先尝试去做，最后的成果将成为最有力的说服工具。

如此一来，就算是上述那般说要取消奖金的公司，也会被说服而有所改变。用自己的想法去改变体制，大有可能。

首先要做的并不是迫使公司改变，而是先改变自己。在高谈理论之前，必须先亲自实践理论并交出成果。

第二章

『功利』结交，朋友更少却更好

07

忽视团队，只能一个人干到死

× 舍弃邀功 ×

- **无法舍弃的人**

  招致恶评。

- **成功舍弃的人**

  成为大家都想共
事的人。

我经常跟大家说一个笑话：

> 山田："这次可以拿到这个大项目，大家一定会吓一跳吧？前辈。"
>
> 水野："是啊，我们赶快回去向公司报告吧。"
>
> 于是，两人开心地回到公司。
>
> "山田！恭喜你了！"
>
> "恭喜你！山田！"
>
> 在还没向上司报告之前，山田已经受到大家的热烈迎接了，就连部长也亲自来跟他握手道贺。山田握着部长的手，不好意思地说："没有啦，其实我什么都没做，全都是水野前辈的功劳，我只是在一旁看而已。"
>
> 大家一听，全都愣住了。部长一脸尴尬地把伸出去的手转向水野："这样啊……水野，恭喜你了，听说山田的老婆怀孕了。"

这只是个笑话，但这个笑话中，值得学习的是山田将功劳礼让给前辈的做法。

任何人都会想夸耀自己的成绩或成果，无论是拿到合约、提高业绩，还是降低成本，等等。

如果自己在这些成果上有所贡献，就会想到"这都是我的功劳"。

然而，在强调自己功劳的时候，便可能引来周遭的人不一样的想法，例如，"这不只是你的努力吧！""这是想抢别人的功劳吗？""其他帮助你的人就不值得感谢吗？""讨人厌的家伙"，等。

"做得好！这次会成功都是你的功劳。"像这样受到夸奖时，应当更谦虚地推掉自己的功劳，感谢大家的协助，例如，"哪里，事情会这么顺利都是靠大家的帮忙，真的很感谢"。

业务工作必须靠公司内部的支持才有办法专心进行，因为有上司和下属的协助，自己才有办法发挥所长。也正因为有公司这个组织的存在，自己才有办法工作。这些再理所当然不过的事，都必须随时放在心上，时时对周遭抱持感谢的心情。

对于这样的工作态度，大家都会看在眼里。上司会觉得你是个"做人周到、谦虚的人"，下属也会因为你的认同而获得自我肯定。如此一来，你将能得到大家的信赖，成为每个人都想共事的人。

08

"功利"结交，朋友更少却更好

- **无法舍弃的人**

  没有突破性的成果。

- **成功舍弃的人**

  遇见能刺激自己成长的人。

在许多成功的企业家中,有不少人都以"自己没有朋友"而自豪。

我有个朋友年收入上亿日元,他曾说过:"我只有少数几个朋友。"另外,就连拥有上亿日元资产的网络创业家也说:"我的朋友用一只手就能数得完。"日本知名拉面连锁店的创业者也曾在演讲中严正表示:"我完全没有朋友。"

这种做法的背后,包含了一般人无法理解的思考逻辑和感受。不过,他们在对于成功的强烈渴望中,都认为自己不需要单纯的友谊关系。

● 往事或"互相慰藉",对成功没有任何帮助

我身边的很多经营者都表示,自己和学生时代的同学"就算聊天也聊不起来",于是便和大家渐渐疏远。

和老朋友聊天时,最典型的话题就是往事。不过,经营者对往事一点儿兴趣也没有,他们只放眼现在和未来。就算聊过去的事时感到怀念,对现在或未来也不会有任何直接的帮助。当然,紧紧抓住过去的荣耀,也同样毫无益处。

偶尔和老朋友联络没有什么不对,不过一旦太常在一

起，总是聊着过去的事，就只是浪费时间而已。

有人会觉得，有愿意聆听自己抱怨的朋友很重要，然而，这只说明了你是一个无法自我控制情绪、排解不满或解决问题的人。

这样的人不擅长面对逆境或压力，也无法保持自我肯定的态度，因此才需要他人聆听自己的抱怨以寻求共鸣，借此获得他人的支持，来证明自己没有错，并从中得到慰藉与安心感。

不过，成功者通常都不需要他人来聆听自己的抱怨，因为一旦事情不如预期，与其抱怨，还不如优先思考如何改进以达到目标，并实际进行。

● 孤独、孤立会成为达到目标的原动力

有句话说："经营者是孤独的。"之所以会有这种说法，是因为经营者在面对问题时，大多是独自思考，独自做决定。这份坚强，成了他努力达成自我目标的原动力，使他将所有事情都视为自己的责任，不受外界的影响。

成功的企业老板都会确保拥有独自思考的时间，一些发展急速的新兴企业之所以容易产生弊病，应该就是

因为老板太过忙碌，以至于无法拥有深思熟虑的时间。

相反，无法单独做事，或一定要和他人在一起才不会感到寂寞的人，由于很会配合他人，因此总是会避免与他人不同，最后就无法有任何突破性的成果。

● 与成功无关的人，不花时间打交道

以我和大学生的交流经验来说，我所感受到的同样是如此。总是孤单一人的人，其思考会比较稳健，而拥有很多朋友、个性随和的人，想法就比较肤浅。

当然，沟通讨论也很重要，通过意见交流能激发出新的点子，自己的想法也能因此获得重整。不过，想要得到这种效果，讨论的对象应该是比自己优秀的人才对，而不是"平凡"的朋友。

举例来说，如果"想赚钱"，就必须花费许多时间在与"赚钱"相关的事物上；倘若"想成功"，就必须思考"怎么做才会成功"。这种时候，只有自己一个人才有办法好好思考，自我省思，进而拟定下一步的行动和策略。

事实上，有明确目标而努力专注其中的人，根本没有时间和其他人打交道，例如，为了升学考试而拼命读书的

考生；刚创业不久、正努力拼业绩的创业家；投入漫画或
小说创作的作家；在公司为策划书努力冲刺的上班族等。
每个人都是单独地努力打拼着，很难有他人可以插手介入
的余地。毕竟人生苦短，只将时间花费在自己身上才值得。

09

"我的人生也很棒"

×｜舍弃攀比心｜×

● 无法舍弃的人

　　消耗太多无谓的精力。

● 成功舍弃的人

　　专注于让自己变得更幸福。

隔壁邻居都换高级进口车了，自己却还开着国产小轿车；孩子的同学到夏威夷跨年旅行，自己却待在家里看红白歌会；同事老早就晋升为课长了，自己却还停留在主任的位置……

像这样和他人比较，会使心情变得浮躁，甚至因此产生莫名的失败感与挫折感。

如果可以借着和他人比较来产生斗志，当然不成问题，例如，"我也买得起高级轿车啊！我现在就开始努力拼下一次的业绩奖金！"等，越是比较，越能激励自己。不过，如果看到别人的成就，会感到不安，甚至"生气""觉得自己很可悲"，这种类型的人最好还是舍弃比较的心态。因为焦急、烦躁、失落、不开心、忌妒、消极等，这类情绪会消耗太多无谓的精力。如此一来，就无法产生正面的斗志，而变得越来越看不起自己，连带地，非但不会采取积极的行动，反而使"比较"成了迈向成功的绊脚石。

● 成为懂得尊重自我判断的人

要舍弃"在意他人"的心态，方法之一是尊重自我的价值观，以及以此为根据所做的判断。不要用别人的标准来看待自己的价值，而是以自我标准来衡量。

例如，就算隔壁邻居换了新的高级轿车，但仔细想想，车子对自己来说只是交通工具，只有周末才会开。既然如此，与其买大车，不如选择燃料费和税金相对便宜的小轿车比较适合。

又如，跟自己同辈的人都住在豪宅，但住房对自己而言不过是个道具，如果在上面投入太多钱，一定会让生活中的其他部分受到限制。那么，何不选择够用就好的房子，把多出来的钱用来做使自己更快乐的事呢？

如此以合理的依据来决定自己的判断和行为，就能淡化因为比较而带来的羡慕或卑微的感受。

这并非安慰自己，也不是蒙蔽自己的感受，完全是因为"这是自己的价值观，依此所做的决定将能为自己带来幸福"的合理依据。

因此，必须先找到一个"重心"，也就是自我幸福的基准。究竟什么会让自己感到幸福？希望自己达到何种状态？这个重心越强烈，便越能将他人的状态视为"价值观与自己不同的人"，而不会放在心上了。

举例来说，倘若自己的重心是出人头地，或者希望能永远年轻，这些没有帮助的事，自然变得毫不重要，就不会在意了。

● 将"自由"视为幸福，就不会在意他人的言行

"自由"是我一直以来希望达到的成功条件，它包含了经济上、时间上、心灵上、人际关系上，以及环境上的自由。

有了这样的心态之后，虽然自己在外貌和身高上不如他人优秀，但我很清楚这些都和自由没有任何关系。

例如，假设有了高级轿车，便要担心开车安全或停车问题，反而麻烦。戴昂贵手表或穿名牌服装，学历高低或聪不聪明，也和自由一点儿关系都没有。太大的房子不但打扫起来太麻烦，想卖掉时也不容易脱手，完全没有意义。像这样自己对于幸福的重心越明确，情绪就越不容易受他人影响。

不过，我会在意年收入和积蓄，因为这些都关系到能否获得自由。看到与自己目标相符的人，也就是比我更自由的人，我也会感到羡慕。

这并不是负面的感受，反而会促使我去探究对方获得自由的方法，对我来说是一种正面的影响。

10

别让死要面子害了你

× 舍弃虚荣 ×

● 无法舍弃的人

　　完全丧失成长的机会。

● 成功舍弃的人

　　知识与人脉变得更广，且能快速自我成长。

尊严又分为对自己的"自尊",以及相对他人而言的"虚荣"两种。

所谓自尊,指的是对自己的信赖感,相信自己能力的一种感觉,例如,"这点儿小事打不倒我""我还可以再继续",等。自尊是自己所依存的根据、行为的方针。

另外,有些人会觉得"被后辈使唤很丢脸",或是"自己先低头道歉有损尊严",等。这种一点儿用处也没有,只会毁掉人生的讨厌感受,就是"虚荣"。

这种类型的人一旦受人轻视、被瞧不起或傲慢以对,就会觉得"自尊受损""有损尊严"而大动肝火。这是因为他们的尊严只局限在虚荣上,也就是把和他人的关系视为最优先。

像对年纪比自己小的人就立刻改变说话态度、在餐厅对服务生态度傲慢,或是当自己的意见受到反对时就激烈抗议等,都属于这类的虚荣。

"小气""吝啬",指的正是这类只看见虚荣、让他人言行来左右自己感觉的人。

可以舍弃虚荣的人,即使面对比自己年轻的人,也能做到低头请教。因为比起无谓的尊严,这些人更在乎满足自己的求知欲与扩展人脉，甚至是自我成长。

他们知道，必须先让对方高兴才能达到自己的目的，而"谦虚"正是毫不费力就能做到的自我推销方法。这样的态度，乍看之下是个"谦虚的人"，实际上是宁可不要名声也要利益、彻彻底底的现实主义者。

相反，无法舍弃虚荣的人，非常讨厌"被轻视"，却不知道谦虚是一种对自己有利的"营销"，于是就错失了自我成长的机会。

● 无法舍弃虚荣的悲剧下场

无法舍弃虚荣的人，最极端的下场就是在日本几乎不太可能发生的"饿死"。

这样的人基于"觉得丢脸""不想让别人觉得自己很落魄"等虚荣心作祟，以至于无法向他人请求帮助或申请生活补助等国民应有的权利，最后变得自身难保。

被债务逼到穷困潦倒、最后走向自杀一途的人，也是同样的心态。这些人因为莫名的原因，拒绝使用个人破产等国民救济政策，最后自绝后路。

申请个人破产所带来的后果，不过是七年内不得有任何借贷、无法申请银行信用卡、无法在特定行政机关工作而已，其余的日常生活几乎没有任何改变。虽然破产的消息会刊登在政府公报上，但一般人几乎不会看公报，根本不会有人发现。

即便如此最后还是放弃这种方法的人，应该是自尊心作祟，觉得"申请破产太丢脸了""要是被知道了该怎么办"，才会宁可选择自杀吧。

● 抛弃虚荣心的三大作战方法

总结来说，只要对自己有信心，即使是他人的无心之言，也能轻松看待。但如果自信心不够，的确很难放下自尊。这时，有以下三个方法可以利用：

①"宁可不要名声也要利益"作战法。

②"深藏不露"作战法。

③"如果被平凡人看透自己就完蛋了"作战法。

第一种方法就如同字面，只要思考"怎么做才能对自己有利"就好了。抑制会妨碍有利行动的情绪，以理性的态度优先考虑自我利益。

第二、三种方法则适合用在自尊受损、觉得心有不甘的情况下。

第二种方法，是借由放下自己来让对方失去注意力，也就是先暂时忍耐，隐藏自己的实力，之后再逆转形势就可以了。这种方法还能激发自己的好胜心。

第三种方法，就是所谓"从上而下"的思考模式，只要告诉自己"像你这样的平凡人，对我的成功一点儿帮助也没有，我根本不放在心上"，或是"你这家伙是不会了解我的价值的，如果被你看透就完蛋了"。

我在网络上有专栏，文章经常惹来许多恶言谩骂，也就是引起大家的"挞伐"。可是我一点儿都没有放在心上，因为我就是以第三种方法来看待这些谩骂的。

了解"和笨蛋争论，只会让自己也变成笨蛋"的道理后，反而会觉得反驳对方才真的要为自己感到羞愧。所以，我可以做到完全漠视，不会耗费无谓的时间跟精力去反驳对方，引发更激烈的争论。

如果是当面受到批评，只须反问对方："既然你这么说，那么请问你赚了多少钱呢？"而不会因此就认输或意志消沉。

这种方法看似傲慢，但都是为了"采取对自己最有利的行为"。下一次，当你觉得"自尊心受损"时，不妨试试这种方法吧。

11

可以善良，但你要有底线

× 舍弃当"好人" ×

● **无法舍弃的人**
　　只能永远跟着他人的脚步。

● **成功舍弃的人**
　　发现一般人无法察觉的价值。

想必很多人都想成为一个受大家欢迎、与人相处和谐的"好人"吧。事实上，当个"好人"，反而会离成功越来越远。

"好人"之所以无法成功，是因为害怕和他人发生摩擦，所以完全不会提出任何不合常理的想法，也不会坚持自己的信念。这样的人一旦受到周遭的反对，就会立刻被击倒。

越是具有崭新、创新精神的意见、主张或提案，越容易引起大家的抵触。如果不顾众人反对，坚持自我主张，就会招来"自大"的风评。

例如，连锁平价服饰店的创办人柳井正，或是苹果计算机创始人乔布斯等知名经营者，这些人平常在公司里总是大声来大声去的，总是提出一些任性的想法，把每个人弄得晕头转向。从客观的角度来说，实在称不上是"好人"。但正因为如此，他们才能掌握成功的先机。

一些和我有交情的经营者，大家都异口同声地说："我不和好人一起做事，因为他们既不做决策，也不愿意担起责任。"

一旦自己做了决定，就必须承担责任，有时还得面对利害关系受损的人的反弹。而好人没有这种决心，所以会逃避做决定和背负责任。

大家试着回想一下，就会发现那些和任何人都不会发生摩擦的"好人"，在许多场合应该都是个旁观者的角色，只会追随他人的意见而已。

●"好人"很随和

每个人都会以自己的判断标准来看待事物，因此根本不会有符合客观标准的"好人"或"不好相处的人"。

就像被讨厌的上司责骂时会格外生气，但如果对方是自己尊敬的主管，就会觉得受到责备是"自我磨炼的机会"。也就是说，判断标准会因为对方不同而改变。

然而，这里所谓的标准，其实都是"视自己的情况而定"。符合自己期待的就是好人，看不顺眼的就是不好相处的人。

也就是说，想当"好人"的人，都只是"想配合他人的期待"，简单来说，就是没有自我主张的人。

将他人的主张放在最优先而没有自我主张，其实是很累的。凡事以他人的生活方式为优先，丧失了自我，最后只会落得总是跟随他人脚步的人生。

●"评价正反两极的人"才有办法改变时代

比起当个"好人"，我更想成为一个"怪人"。

所谓"怪人",指的是对时代环境或现象有独特看法,看待事物的角度与一般人不同的人。这样的人通常都是"评价呈正反两极的人"。

大受欢迎的艺人,同时也可能是许多人讨厌的对象,就算是购物网站上的畅销商品,同样也有正反两极的各种消费者意见。

会动摇人心的意见或主张,势必也会引来反对。换言之,会引起"正反两极"意见的人,都具有动摇人心的力量。

就算遭到反弹的声音,也不过表明自己的意见"刺中了"某些人,所以没必要因此感到害怕,反而应该高兴才对。相反,如果只会迎合大家的意见,可能会让大家对你一点儿印象也没有。也就是说,当"好人"反而会为自己带来坏处。

● 当个"变差值"的人

想法受限于偏差值①的人,只会用学校的标准来思考自己的人生。如果想坚强地面对现实社会,就必须提升自

①所谓"偏差值",是指相对平均值的偏差数值,是日本人对于学生智能、学力的一项计算公式值。偏差值反映的是每个人在所有考生中的水准顺位。

己的"变差值"才行。

提升"变差值"的训练方法之一，是从违反大众价值观的角度去思考事情，另一个方法则是对理所当然的事抱持怀疑的态度。

这是一种思考力的锻炼，把大家都说"对"的事当成"不对"，针对大家都觉得"错"的事物，去思考它"对"的可能性。像这样先下结论，再去寻找可以支持结论的理由。因为只是想一想而已，就算被当成喜欢故意作对的人也无妨，不会对现实状况造成任何不好的影响。

举例来说，"六曜"历法①在发源地中国早被视为没有意义而被废除了，但日本还老老实实地遵循沿用至今，理由为何？既然一点儿意义也没有，就算在佛灭日②结婚也没关系吧。

又如，就算读了大学，事实上还是有可能找不到工作，既然如此，干脆不要读大学，高中毕业后就出来创业也可以吧。

---

①"六曜"历法：日本惯用历法，最早由中国传入，分别以"先胜、友引、先负、佛灭、大安、赤口"来标示每日的吉凶。
②佛灭日：六曜中的大凶之日。

像这样试着从反对的角度，去思考大家视为理所当然的事，借由思考的过程，将会产生一般人所看不到的论点、角度、价值，甚至是创新的灵感。

● 准备说辞来迎击无礼之人，使他哑口无言

"好人"的另一个缺点是不会吵架。这里所指的吵架不是暴力，而是提出反论或诉讼等"成熟大人的吵架"。

好人即使遭受无理的言论攻击也不会反驳，只会暗自吞下郁闷的心情。之后，每当想起这段不愉快的回忆，就会感到愤怒与后悔，这样一直背负着沉重的压力。

这个世界上，不管走到哪里，都有表面看似有礼、其实心怀轻蔑的人，而这样的人总是会惹恼你的情绪。但是，你实在没必要为了和这种人维持关系而牺牲自我，因为这些人几乎不可能给你的成功带来任何帮助。

既然如此，就不用害怕和对方保持距离，也不必顾及他会怎么看待你。远离这种无礼的人，生活才能过得更畅快。

因此，面对无礼的言论，不妨事先准备好迎击对方的说辞，因为突然要反驳对方实在有点儿困难，所以要先模拟状态，做好准备。

上司说："你在做什么！真是没用的家伙。"

如果你是个心思细腻的人，长期面对这样粗暴的言论，最后可能会得抑郁症。为了这种愚昧的上司而搞坏自己的身心，一点儿都不值得，所以，你可以事先准备好以下的反驳说辞：

你："事情做不好，的确是我的责任，不过您这样的说法也有失礼貌，请您不要再这么说了可以吗？"

上司："是你做不好，我才会骂你的！"

你："工作结果跟说话态度是两回事，我做不好，并不代表你可以对我说话没礼貌。"

上司："你的事情要是做得好，我大可以不用这样骂你！"

你："在公司，我们是主管和下属的关系。不过身为一个社会人，我们的地位是平等的。我只是请您改变说话态度而已。"

以上的方式，想必很多人会觉得"不可能真的这么做"吧。

然而，会让你感到不愉快的人，一定也会让别人不悦，因此不妨把击退没礼貌的人，当成对社会的一种贡献吧。

12

目标明确的人不需要"人脉"

×舍弃构建人际关系×

- **无法舍弃的人**

  到头来无法建立任何人际关系。

- **成功舍弃的人**

  自然而然就获得必要的人脉。

人脉当然很重要，这一点毋庸置疑，无论是工作还是机会，大多是"人"所带来的。甚至在有困难的时候，如果有人提供援助，就会让人心存感激。或许正因为人脉如此重要，坊间才会有许多关于建立人脉的书籍，各种异业^①交流会也是每天都在上演。

不过我认为，其实没必要为了建立人脉而特地去花费时间和金钱。

我在创业初期，也曾经因为对方是名人或大公司老板而勉强自己和他建立关系。可是到最后，和这些人不是话不投机，就是双方都无法在对方身上看到对自己有助益之处，于是就越来越疏远了。

之后，我拼命建立自己的房地产事业，终于提升、获利，公司也上了轨道。就在这个时候，许多房地产相关企业都纷纷主动表示，想和我一起合作。每当我抛出海外投资的信息时，朋友或客户也都会介绍我认识各方面的专家。就连我开始写书以后，和出版界的往来也变多了。

这样的经验让我确信一件事，只要全心投入眼前的事

---

① "异业"是与"同业"相对应的概念，代表不同行业。

物，对自己有帮助的人或信息自然会随之而来。

相反，如果做事总是半途而废，有始无终，就不会有任何介绍或邀约找上门，因为你在那个领域里并没有做出任何让大家印象深刻的成绩来。

我认识的某个年收入上亿日元的创业家说："建立人脉一点儿意义也没有。"他的出身并不优渥，但他努力做出成绩，渐渐地在业界打响了名号。许多人因此看好他，主动提供协助，连带地，有越来越多的人看重他的专业或客户名单而主动靠拢。

当然，有人会说，这些根本称不上是"人脉"。不过，话说回来，应该不会有人愿意主动把机会或朋友介绍给他人吧。

正因为对方在你身上看到对自己有帮助之处，所以才会花工夫帮助你，给你提供机会。

也就是说，倘若无法建立人脉关系，并不是因为你没有去做，而是因为你在专业领域里，还没有做出让大家足以"想认识你"的实质成绩。所以，就算和你做朋友，也得不到任何具体的帮助。

● 先思考自己能给对方带来什么帮助

想拥有人脉，首先得做出成绩来。在这之前，遇到困难时，不要轻易向他人寻求协助，反而应该趁机加强自己解决问题的能力，更专注在工作上。

无论困苦还是赚钱，都要持续跟外界保持工作往来，对于承接下来的工作，一定要努力达成。如果是上班族，就要随时协助他人的工作，并将功劳让给上司或下属。

与人往来就等于花时间投资在对方身上，因此应该不会有人闲到愿意和无法得到回报的人来往。相反，如果对方是一流人才，大家都会争相想去认识。

不认真对待工作，就无法获得业界的核心情报，也没有足以让人学习的专业知识。和这样的人往来，对任何人而言都只是浪费时间。

如果只是"人品好"，这种人到处都是，大家没有理由特地在你身上花时间。

换言之，不认真努力对待工作或交不出成果的人，就算参加再多的异业交流会、认识再多的人，也无法建立起人脉。

● 停止建立人脉，专注在工作成果上

要建立人脉，就得先暂时舍弃"建立人脉"的心态，努力于眼前的工作，并做出实际成果来。

如果是上班族，重要的是与公司内部的人脉关系，而不是公司之外的人。

例如，业务部与商品开发部，或是设计部与制造部等，一旦公司内部人员与市场第一线人员关系不好，工作起来就会不顺利。相反，如果双方有良好的信赖关系，就算是不太合理的要求，对方即使无奈也会愿意帮忙，"算了，因为是你，我才愿意帮忙啊，下不为例"！事情会进行得更顺利。

倘若直属领导不愿意提供协助，自己手上的计划或任何公事上的要求，就会遭到重重阻碍，以至于最后无法交出成果。然而，一旦和上司之间有了信赖关系，上司就会愿意交付工作，自己做起事来也会更好发挥。

因此，首先要做的是建立与公司内部之间的信赖关系，如此一来，做起事来会更轻松，更容易达到目标。只要持续在工作上交出漂亮成绩，就算不刻意彰显自己，名声也

会慢慢在公司外部传开来。这时候，同业就会知道"那家公司的××听说很能干"，这样的消息也会传到其他行业，最后连媒体也会闻风而来。于是，许多人会相继主动接近你，人脉也会跟着不断扩展。

简单来说，建立人脉最有效的做法，便是努力专注于眼前真正重要的工作。

13

一切"只为自己"而做

×舍弃患得患失心理×

● 无法舍弃的人

　　背负无谓的失望或愤怒。

● 成功舍弃的人

　　减轻人际关系所带来的压力。

让人感到生气或不愉快的一大主因，是因为"期待没有得到回报"。

越是认为"我为他做了这么多"，一旦没有获得任何回报，失落感就会越重。

● 焦躁是因为希望对方照自己的想法去做

"我跟他打招呼，他应该也要跟我打招呼才对。"因为有这样的期待，所以当事情的发展不如预期时，就会感到生气。例如，帮了对方许多忙，期待对方总有一天会回报，一旦对方没有这么做，便会觉得"亏得我这么照顾他，真是没礼貌的家伙"而气愤不已。

不过，对方终究不是自己，当然不一定会照你所想的去做。事实上，不如预期的情况会经常发生。

父母对待孩子也是一样。

父母期待养出理想的孩子，所以给孩子买了很多东西，给孩子提供教育机会，带孩子四处去玩。为了教出符合自己价值观的孩子，凡事都先主动提供建议，不让孩子有思考的空间。正因为如此，当孩子产生行为偏差、反抗父母，做出与父母期待完全相反的事情时，父母就会感到焦躁。

事实上，孩子也是一个单独的个体，有自己的人格、适应能力、想法与生活方式，和父母所期待的理想不同，也是理所当然的。

● 一切"只为自己"而做，事情会变得更顺利

因此，在为他人做任何事时，不要心存期待，只要为自己而做就可以了。抛开"施恩"的心态，单纯因为自己喜欢、开心，可以因此占到便宜，才去做。

打招呼不是为了对方，而是为了让自己更有活力。培育下属不是为了使他成长，而是为了让自己日后做起事来更轻松。当志愿者不是为了需要协助的人，而是为了满足自己想奉献的心情。尽力为孩子付出，不是为了养儿防老，而是单纯因为这么做会让自己开心。如果没办法从行为中找到"为自己而做"的理由，就不要做。

不做社会公益，不为孩子尽心尽力，不借钱给任何人。这么做感觉像是脾气不好的坏人，不过，只要舍弃希望获得回报的心态，自己所做的每一件事都会变得非常充实。当不再在意对方的反应时，情绪也能变得更平静。

举例来说，2014 年"故乡捐"①政策引起了一股热潮，原因正是这么做不只是为了故乡或地方，也是为了自己。故乡捐可以换来米或蔬菜等地方特产，捐款超过两千日元还能退税（退税上限因人而异）。姑且不论这些好处，光是钱能用在故乡或地方上，就让人觉得心存感激。

即使是做公益，与其当成一种道德心的展现，不如将它视为建立自我形象的方法。只要把参与公益活动的过程拍下来，放到社交网站或博客上，就能让人觉你是一个"积极从事社会公益的人"。

从这样的角度去思考，做公益对自己也有好处，因此助人也会变得更快乐。虽然这一切都只是为了自己而做，最后却能获得旁人的感激，就算没有任何回报也无所谓了。

---

①故乡捐：日本政府为了解决地方财政问题，在 2008 年推出的一项税制。只要给任何一个地方政府捐出两千日元以上，就能获得退税，还能拿到各地方所回馈的农产品。2014 年，政府再将退税金额提高至两倍，因此引起民众捐款的热潮。

第三章

精准整理，改变财运与生活

14

有行动才会有自我转变

× 舍弃励志书 ×

● 无法舍弃的人

受人利用。

● 成功舍弃的人

找到真正对自己有帮助的实用书。

在有关自我投资的各类书籍中，所谓的"励志书"有以下几个好处：

> 打破自己的刻板印象或既定观念。
>
> 获得新的想法或看待事情的角度。
>
> 变得更有活力、更有冲劲。

我在创业之前，也看了许多励志书。那一阵子，励志书对我来说就像是斗志的来源，我如饥似渴地读了又读。

后来，我独自创业开了公司，做着自己喜欢的工作，除了写作或演讲的事前准备时，会稍微翻一下励志书之外，平日里可以说已经完全不看了。

在人生中，"想做些什么，却不知道该怎么做"的阶段，的确需要励志书来激励自己。如果可以借由这些书获得激发，让自己付诸行动，当然可以尽量阅读。

● 有行动才会有自我转变

然而，励志书大多只会激励大家付诸行动，关于之后的"实际做法"却丝毫不提。

例如，若想从事网络事业，应该去看相关主题的实用书;如果真心想提升沟通能力,最好选择这方面的专业书籍。但励志书很少讲得这么深入。

换句话说,确切清楚自己想做什么、该做什么的人,就没有理由再看励志书了。以"改变自己"为主题的励志书非常多,但真正产生自我转变的时机,通常都是在丢掉手上的励志书、"实际采取行动"的时候。

如果逛书店时,看到励志书会想买来看,就表示对于自己应该发挥的价值和方向还不清楚,因此,这时候要做的,应该是选择能够具体提升技术或能力的"实用书",借此找出自己应该专注的事物。

本书虽然也是一本励志书,却没办法满足所有不同需求的读者。

各位必须知道,光是看完本书并没有任何意义,只有真正做到"舍弃",你在本书所投入的金钱与时间,才有办法获得回收。

● 励志书充斥着许多"好听话"

还有一点要注意的是,励志书中也有很多"瑕疵品"。

我经常有机会在各个活动中遇见其他作家,其中有个写作关于"成功哲学"的人，一直让我觉得他很"清高"。

之后，我读了那个人的书，发现里头几乎全是抽象或教训式的内容，完全没提到作者的任何具体经验。

如果是作者本身的体验，照理说会描写得很详细，读起来也更加"生动写实"，可以感受到文字的力量。如果不是如此，可能就只是一本截取其他成功哲学书籍的精华拼凑而成的书罢了。

为了不受这种表面性的内容所骗，就必须调查作者的来历背景，确认他是否真的在该领域中有实际的成就。

此外，书也是追求营利的一种"商品"，因此为了广泛地让各读者群都能够接受，且避免遭到批评或谩骂，内容大多是些"好听话"。这样的书并不少，看的时候必须对内容的正确性有所保留，不能全然听信。

事实上，就算是被称为成功经营者的人，其中也有和客户之间有金钱纠纷或是官司缠身，甚至很多都是傲慢无礼、自以为是的，还有一些老板表面上看似温和，做起事来可是既无情又强势。

做生意不能光靠好听话，在与对方交涉时，头脑必须清楚冷静，看穿对方的弱点，有时甚至必须刻意找碴儿。

不管是对自己有利还是为了避免利益受损，有时候都需要将对方逼到绝境，甚至扳倒对方。不仅对待客户是如此，对待自家员工也很严厉，不怕解雇员工，于是这些离职的旧员工就会在就业网站上说公司的坏话。也有人会擅自删除网络论坛上针对公司不合理处的抱怨，因此引来网络上的负面评价。

我自己也开公司，同样站在经营者的立场，我了解扩展事业一定会增加许多与各种人接触往来的机会，包括好人和心存不良的人，因此纠纷是不可避免的。在这个过程中，那些被称为成功经营者的人，必然也都树立了"反对者"。

● **不要被聪明人利用了**

然而，经营者所写的励志书，通常不太会提到以上这些状况。如果完全听信这些书中的"好听话"，成了前述的"好人"，就真的中了聪明人的圈套了。

任何人都会美化过去，励志书的作者也是一样，所以很容易写出一些漂亮的话或理想论。

不过，我们真正应该做的，并不是模仿那些成功者目前的行为，而是要学习他们在迈向成功的过程中所做的事。

一些无法推敲出文字背后意义的人，或是价值观根深蒂固的人，实在没办法想象成功者到底经历过哪些努力。这样的人，最后只会被作者及出版社所贩卖的书籍或讲座利用，花了钱却什么也得不到。

● 模仿他人的思考，会让自己停止思考

社会上有非常多的人不具备金融知识，因此即使拥有高学历也赚不到钱，过得很穷。同样的道理，也有很多不懂得看书技巧的"博学笨蛋"。

大家不妨想想自己是否有以下几种状况：

买书想学实用技术，却发现书里没有教具体方法而感到生气。

从书上发现新的信息或知识便会感到窃喜。

很多书看完都觉得没有收获，浪费钱。

看了很多书，年收入跟存款却没有因此增加。

这样的人，书看得越多，脑子越不灵光。叔本华在《读书的艺术》一书中提道："读书不过是模仿作者的思考而已。"只是单纯用眼睛追着文字跑，并没有用自己的脑袋

去思考。

以旅行为例，参加旅行团到意大利玩时，都会去旅游书上介绍的特莱维喷泉，在喷泉前看一下，拍张纪念照。简单来说，这样的"意大利"，不过是大家相继模仿，自己也跟着大家模仿罢了。实际在当地所看到的意大利，跟出发前的想象完全相同，说到底，只是一趟"确认之行"而已。

看书也是一样，如果不用心思考，就会变成"确认性的看书"。

借由看书更加确认自己的观点，因为自己的想法和书中论点相同而感到放心，很高兴作者说出了自己所想的事等。只要这样，就算是一本好书，可以卖得很好。这就是当今市场的现象。

的确，这样的书读起来很痛快，可以放心阅读，读完后心情也会很好。不过，如果只是这样，从书中能学到的东西就很有限。

● **以思考重整的方式去阅读**

阅读励志书的方法，说得明白一点儿，就是将书中的收获转化为自己的东西并加以实践，再根据状况改变方法，反复实践，最后将具再现性的技术转换为自己的技能。

就算遇到和作者相同的情况，我们的思考也会受到自己的感情左右，从而影响判断和行为。而这些行为的累积，就决定了我们的人生。

因此，如果只是盲目地看书，没办法在面对现实状况时改变感受和思考模式，就算看了几百几千本书，在现实中所采取的行为还是一样，结果也不会有任何改变。即使花了再多的钱买书，花了再多的时间看书，也是一样。

也就是说，阅读励志书的必备态度是"把方法套用在自己身上去思考"，以及"建立自己所缺乏的理想思考习惯"。

当然，阅读时难免会产生一时的情绪，这时就必须将后续的思考"化为自己的想法"。

对于书中的内容，不要只以"有共鸣"或"没感觉"等肤浅的结论为了结，而是应该将书中的内容吸收到大脑里，借此破坏一直以来的既定观念、先入为主的想法和自我局限的框架，接着再进行重组，建立一套输出后更具附加价值的思考模式。换言之，就是必须以"重整"思考的态度去阅读励志书。

畅销励志书《梦象成真》（水野敬也著）中，有以下这么一段话：

> 你一直用自己的想法去做，最后完全得不到结果，所以才变成现在这样，不是吗？
>
> 不会成功，最主要是因为"不听别人的建议"，这个道理不用说也知道吧。就算想成功，想法和做法也一直没有改变，说到底，这就是"被自己的想法绑住了"。

15

精准购买，找到花钱的重心

× 舍弃物欲 ×

● 无法舍弃的人
完全存不下钱。

● 成功舍弃的人
不知不觉就存
下钱了。

"因为想要，所以购买"，看似再自然不过的消费行为，实际上这么做只是在花钱而已。这种人很容易成为月光族，却完全不知道自己到底把钱花到哪里去了。

花钱是为了获得某种成果，光是有钱只能获得安心，对生活并不会有任何改变。

也就是说，如何使用金钱，会关系到生活环境、经验及生活方式的改变。因此，如何控制"想要"的欲望以及把钱花在哪些地方，将使人生产生极大的不同。以下将介绍两种控制"想要"等欲望的方法。

①把钱花在改变自己上

在花钱之前，先停下来想一想，"买了这个东西对自己有什么好处""这笔花费可以为自己增加何种价值"。

例如，当"想要新的智能型手机"时，如果只是为了"拿新机看起来比较酷"或"感觉比较好用、方便"等理由，买了之后就只会获得"爽快"和"高兴"，除此之外，生活或自己并不会有任何变化。

如果是将智能手机便利的使用方式或说明书制作成电子书来贩卖，借此提高收入的话，就能算是一项很好的投资。

又如，"想买新衣服"，如果是为了"要穿去约会"，倘若会影响到能否因此跟对方交往甚至结婚，这个约会就有可能成为改变人生的契机，因此也可以说，买新衣服会为自己带来极大的帮助。

如果是因为"讨厌让对方觉得自己一直穿同一件衣服"，或是因为"现在的衣服都已经穿腻了"等理由，就不过只是自我满足罢了，不会为生活带来任何变化。

只要像这样一一思考，就会发现其实很难找到值得买的东西。

当然，为了自我满足而买新手机或新衣服并不是坏事，这种生活方式也没错。

不过，抱持这种"只要自己开心就好"的想法，物欲会毫无限制地不断增加，这种人基本上很难存下钱。

②找到花钱的重心

只要找到最根本的重心来作为判断标准，就能大幅减少许多无谓的浪费。

换言之，就是先决定"钱要怎么花才能发挥最大的效用，好让自己离理想状态越来越近，或是得到幸福"。

对我来说，我认为把钱投资在"工作和资产运用"上，可以让自己离成功越来越近，而将钱花在"经验与健康"上，则能让自己变得更幸福。

基于这种想法，我可以毫不犹豫地花好几千万日元买房地产，还经常花二十几万日元到海外视察市场状况。我甚至会每个月付钱请专业人士更新我的个人网站，每个月买书的钱也不会低于五万日元。

为了认识朋友或客户，并进一步往来、维持关系，我会经常招待对方吃饭。为了健康，我会特别留意食材的安全，宁愿多花一点儿钱买有机蔬菜。

相反，我几乎不太花钱买衣服，顶多就是穿了好几年的衣服破了，或起毛球、无法再穿时，才会买新的，而且也只会买UNIQLO（优衣库）或GU（极优）等平价品牌的衣服。虽然我太太都说我穿得太寒酸了，但我认为衣服就算穿得再好看，对我来说一点儿帮助也没有。

另一方面，西装我则会定做好一点儿的，因为我有许多演讲和活动等上台的机会。出席这些场合时，良好的服装仪容会让自己显得整洁且可靠。

也就是说，当产生"物欲"的冲动时，就随时以自己的合理判断去评估，如果理由可以接受，再掏出钱包。这种做法将会让你割舍掉"物欲",不必勉强自己就能存下钱。而且所有的钱都能花得正正当当、毫不心虚,甚至在生活上也会变得更知足。

16

人生就要丰富而精彩

×舍弃节省及储蓄的想法×

● 无法舍弃的人

　　人生变得只求安定而显得狭隘。

● 成功舍弃的人

　　拥有更具深度且丰富的人生。

存钱只是把钱放着，除了安心以外，一点儿意义都没有。

"车子只要不开，就可以省下油钱。"这种说法当然没错，不过，不开的车子到底有什么存在的意义？

花了好几十万日元买的大衣，如果因为"舍不得"或"怕弄脏"而几乎不曾穿过，拥有也等于没有一样。

对待金钱也是同样的道理。2014年，日本政府将消费税增加至百分之八，甚至是百分之十，在全日本掀起了一股守护家计的风潮。

紧急用的存款当然有其必要性，因为积蓄越多越能安心，也能减轻经济上的不安。或许正因为如此，生活中到处都可以看到有关"省钱""储蓄"的信息。

不过，只有"把钱看得很重的人"才会有"存钱"的想法。这种想法是因为不想对钱放手，所以才会选择不花钱而一直放在身边。

曾经有个身价一百亿日元的人，在雷曼兄弟事件中损失了九十九亿日元，因此想自杀。明明手边还有一亿日元，却只看到损失太大而感到绝望，这完全是因为把钱看得太重了。

节省及储蓄的想法，会让人不太愿意先投资自己，因为与其把钱用来享乐或自我成长，"存下来"才是这种人对钱的最终目标。

这种人通常会借着"奖励自己"的理由，冲动花钱买不值钱的东西，或是被不合常理的投资欺诈诱惑上当。

因为这种类型的人不太会花钱来丰富自己的人生，对于商品或投资缺乏选择判断的能力，因此只能借由花钱买东西来排解压力。

只知道拼命存钱，却不懂得增加收入的方法，所以无法看穿合理投资与欺诈之间的区别。

● 留下三百万日元遗产的日本人

日本人死后平均会留下三百万日元的遗产，意味着这些人不曾体验过价值三百万日元的各种人生经历，就离开人世了。姑且不论那些想将资产留给后代子孙的人，这样的人生难道不会太可惜了吗?

大家不妨稍微思考一下，享受人生到底需要花多少钱。

参考下面的列表就会发现，如此大手笔地享受人生，总计才花了一千五百三十五万日元。如果有三千万日元的存款，就算做了这些事，都还剩下一半。

这笔三百万日元的金额，多到别说是环游日本一周了，连环游世界一周都没问题。但很多人都会延后享受人生，一直延宕到最后离开人世。

当人生走到尽头、倒卧在病床上时，最令人后悔的通常不是做过什么事，而是那些还没做过的事。

金钱不过是一种工具，存钱是因为有想做的事，唯有这样的目的，存钱才会成为一种合理的行为。不过，若是把存钱当兴趣的人就另当别论了。

现在，你要做的是回头检视自己所存的钱，是否真的让你或家人的人生过得丰富而精彩。

开咖啡店（约十坪①大）：	约七百万日元
环游日本一周：	约四十万日元
环游世界一周：	约三百万日元
到美国留学：	约三百万日元／年
自费出版：	约一百万日元

---

① 1 坪 =3.3057 平方米。

主办派对：	约四十万日元 / 五十人
创建个人网站：	约三十万日元 / 二十个页面
成立公司：	约二十五万日元
合计：	一千五百三十五万日元

你坚持的原则其实害了你

17

高手的战略是专注现在

× 舍弃照片和日程表 ×

- **无法舍弃的人**

  付房租用来堆垃圾。

- **成功舍弃的人**

  将过去的事转化为积极的能量。

我几乎把"回忆"全都丢了，包括自己小时候的照片。这么做，对于当初努力拍照留念的父母实在很抱歉，但看着那些自己毫无印象的照片，我完全没有任何感觉，顶多用来制作结婚典礼上的成长影片而已。

旅行时，我也很少拍照，最多就是为了用来放在个人网站或脸书上，或是作为讲座等活动时所用，再者就是为了让没有同住的父母看我目前的样子。

就连贺年卡和信件之类的，我也全都丢了。

这些东西当然也会让我感到"怀念"和"青春年华"，但这种感受无法让我现在的行为变得更有意义，光看这些东西也没办法让人产生积极的能量。

● 保存回忆成了一件麻烦事

日程表等过去的东西，我也全部丢了，因为就算浏览这些过去的行程，也不会让我变得特别高兴。

有些人在工作上或许需要靠着过去的日程表，来回忆与每个人会面的确切日期，但我的工作并不需要面对这种状况，因此也不必保留过去的日程表。

收到的名片，我都会保存在盒子里，差不多每年整理一次。只要是看着名字想不起长相的人，我就会把他的名片扔了。

真正有往来需要的人，在交换过名片之后，通常都会立刻用电子邮件联系，平时也会在脸书上有互动，完全不必担心会忘了对方的联络方式。

唯独电子邮箱，由于使用的是没有容量限制的网络邮箱，就没有整理，保留了所有的信件。

电子信件具备存证的功能，当工作上产生纠纷时，可以作为保护自己的依据。基本上，我从来没有发生过任何纠纷，就没有回顾的必要了。

● 与其怀念过去，不如专注于现在和未来

舍弃回忆当然只能算是我个人的价值观，并不会因此就否定保存回忆的做法，毕竟这只是我个人的想法，和各位的看法有所不同也是理所当然。

不过，至少从实际来看，我认为回忆过去、沉浸在往事中或是怀念过去的行为，都是逃避现实的举动，丝毫不具备任何生产力。

或许有人会觉得我这种想法有点儿消极，但舍弃过去

有两个好处，一是"变得很轻松"，二是"可以专注于现在和未来"。

减少保存的东西，就物理上来说，所需要的空间就会变小。转成数字数据虽然不会占太多空间，但光盘过了几年也会坏，USB 或 SD 卡有可能受磁的影响而遗失数据。

云端空间也可能因为提供服务的公司而中止，这时就必须做数据备份或转移。不过，假使数据不多，就不用花那么多时间来做这些事，也不会因此感到费心了。另外，"专注于现在和未来"指的则是与其回顾过去，不如努力让现在和未来变得更好，因而能让过去变得更美好。

就算过去做了再多好事，一旦晚节不保，大家也会认为"你一定以前就做尽恶毒之事"，一切都毁于一旦。

相反，就算过去吃尽苦头，只要之后获得好名声，大家对你的评价都会变得正面，认为"正因为以前那些苦头，才造就了现在的你"。

从现在开始到未来所做的努力，甚至可以改变过去所代表的意义。只要有这种认知，你就会知道自己没有时间可以缅怀过去。

第四章

10倍工作力，解决职场难题

18

和时间做朋友

×　舍弃时间管理　×

- **无法舍弃的人**
  满足于忙碌的生活。

- **成功舍弃的人**
  达成目标。

我主张"不需要时间管理",就像我对"日程表管理术"之类的方法一点儿兴趣也没有一样。我之所以这么认为，主要有两个理由。

首先，因为物理性的时间不会改变，因此需要管理的并不是时间，反而应该是"做事方法"。

比起如何有效利用时间或做多少事，真正应该重视的是将做事方法调整到最佳状态，利用同样的时间却能发挥最大的工作成效。换言之，就是行为管理。

● 做事时要专注于目标上

我在中午之前都尽可能不安排开会之类的行程，因为中午之前是我专注力最好的时段，在这段时间内专心于重要的工作上，可以取得更好的成效。

开会或会面等行程就安排在下午，因为开会不需要太多专注力。另一方面，整理邮件或写请款单等杂务，也不太需要思考就能完成，所以全都等到下午再进行。信件部分，除了急件之外，也都延到下午再回复。

把专注力较好的时间用来做重要的事，无法专心的时间就用来做不需要专注力的工作。这就是重视成果而非时间的做事方法。

此外，我也会把外出行程尽可能排在同一天，增加不需要外出的日子。

一旦外出，时间容易变得很琐碎，包括走路、等红绿灯、等车、等对方赴约等。就花费的时间来算，获得的工作成效明显减少许多。

不需要外出的日子，就完全不需要担心得赶快准备去赴约，因此就能专注于自己的工作上。

在不必外出的日子里，不用在意时间或其他任何事，只要一心专注于工作成效。我会利用这段时间写书籍、专栏或电子杂志的文稿，或是构思网站内容、计划新工作、浏览网络信息等。

把"怎么做才能获得最好的工作成效"当作第一优先，来思考做事方法，再进一步分配当天的做事顺序。如此一来，就能避免"忙了一整天却没有任何结果"的情况发生，而能营造出一个容易发挥最佳成效的工作环境。

● 舍弃无谓的时间浪费

人们总是把时间花在没有意义的事物上。

没有结论也没有意义的会议、只会抱怨而没有实质行动的喝酒聚餐、妈妈们东家长西家短的聊天聚会、社交网站上自我满足的发表、没有必要的贴图或信息往来、充满无用信息的八卦节目、到了第二天连头条新闻都不记得的报纸阅读……

从这些"不知不觉就这么做"的习惯中，清楚区分哪些事真正值得自己花时间去做，不需要的就干脆直接舍弃吧。

除此之外，也不要再花时间让自己变得胆怯软弱或空虚，自我厌恶或感到后悔。

相反，要不断制造让自己变得更有自信、更能感到幸福的时间，而且尽可能在每一天中不断营造这些时刻。

就算无法让一整天都充满这些时刻，只要随时提醒自己不断努力，最后也能拥有充实的一天。

● 日程表中记录的是"与他人的约定"

我认为不需要时间管理的第二个理由是，日程表上写的大多只是"与他人的约定"，但真正重要的应该是"和自己的约定"，例如，"自己该做什么""想成为什么样的人""想建立一个什么样的人生",等。这属于观念上的认知。

翻开日程表，里头大多是和他人之间的约定、他人交代的工作期限等，主要都是预定行程的备忘录。关于"为了自己的成功，什么时候要做什么事"等，完全没有提到。既然是工作，遵守与他人的约定当然很重要，甚至私底下重视朋友，也是理所当然的事。

不过，如果不为自己找事做，就只能接受他人之事的差遣。如果自己没有行动计划，就只能花自己的时间去为别人圆梦。

如果无法自己提案，为自己创造新工作，就会被使唤去做公司或上司交代的事。如果只是应朋友之邀去喝酒聚餐，就只能沦为朋友抱怨的发泄对象。

因此，像时间管理这种只是为了遵守与他人之间约定的做法，希望大家尽量减少。取而代之的应该是重视行为管理，借此达成与自己的约定，实现自我的理想人生。

19

为什么别人更有成效

× 舍弃顾客导向 ×

- **无法舍弃的人**
  永远不会有大胆的想法。

- **成功舍弃的人**
  想出颠覆世界的点子。

市场导向被视为企业最重要的概念，我在某种程度上也认同这一点。事实上，市场上的许多热销商品都是从商品导向的概念产生出来的。

*以消费者的需求为主，进行策划、研发新商品或服务。

*商品研发、生产和销售活动，都以企业的考虑（逻辑、想法、感性、深思、技术等）为优先。

过去，人们的需求非常明确。如今，物质生活丰富，日常生活不虞匮乏，人们的需求因此也变得模糊不清了。

问客人想要什么，客人的反映也是不清不楚，甚至直接询问客人这样的问题，都可能犯了意想不到的错误。

● 调查表以外的隐藏需求

过去，我在超级市场工作时，曾参与新商品开发的网络调查。当时有一样商品在调查中大受好评，但推出后的市场反应却是一片惨淡，完全卖不出去，上市后没多久就很快下架了。

在问卷调查的特殊形式下，对单一商品做评价时所产生的印象，与实际在卖场里和其他商品做比较，再加上是花自己的钱去选择，这时的判断结果与先前的印象之间，通常会有非常大的落差。

稍微想一下就会知道这是再简单不过的道理，如果光靠问卷或面对面的意见调查，就能知道什么商品会卖得好，承包市场调查的公司不就能独占整个市场了？事实上并没有这样的公司，这表明就算做了市场调查，也不能保证一定会被市场接受。

当然，市场调查和聆听顾客意见还是有其存在意义的，不过，所采取的方法必须经过非常缜密的推敲及设计，才有办法挖掘出顾客的潜在需求。

即便如此，像日本电机企业一般只会一味地增加机器功能、加拉巴哥化①的商品开发，或是自以为会大卖的商品导向等，这些方法全都不适用于现今的市场，因此所有企业家无不为此感到苦恼。

---

①加拉巴哥化：Galapagosization，日本特有的商业用语，意指在孤立的市场环境下衍生出最适合当地环境的商品，却缺乏与外界的互换性，因此当面临外界更具竞争力的商品时，就会轻易地被淘汰。

● "强烈需求导向·商品导向"的商品开发术

我要提出另一种商品开发的方法——强烈需求导向·商品导向,也就是"把开发者自己极度想要的东西商品化"。

许多市场热销商品都蕴含着设计开发者的强烈欲望,而这股强烈的热情也正说出了顾客真正的需求,进而转化为创造,最后变成商品。

NAVIT 公司负责人,同时也是开发制作知名的"地铁换乘线路图"的福井泰代,就是以自我需求去开发商品的例子之一。

她曾在某个炎热的夏天,用婴儿车推着小孩出门。在换乘地铁时,为了寻找正确的出入口,在车站中来来回回走了好久,最后累到精疲力竭。那次的经验,让她开始思考:"如果事先知道换乘的出入口在哪里就好了。"

于是,她利用周末的时间,把小孩交给先生照顾,自己开始在东京都内的地铁展开调查,记录下 200 多个车站中每一处手扶梯和电梯、厕所等的位置,以及换乘每一路线时最方便的下车车厢,等等。

接着，她将这份庞大的资料整理成策划书，提交给 50 多家企业，最后终于获得出版的机会。

● 自己的每一个强烈需求，背后都有许多抱持同样想法的人支持着

我也是自我取向的人，从来就不是顾客导向，我一直坚信只做自己想要的东西。

商品的细微改善当然也很重要，但可以颠覆市场的商品，通常都不是那些可以让十个人都感到满意的商品，而是十个人里即使有九个人觉得不需要这种东西，也有一个人极度渴望到会因为这项商品的开发而感动得痛哭流涕，这项商品就具备了颠覆市场的力量。

就算觉得自己的点子很好，一旦周遭的反应不是很热烈，大部分的人都会选择放弃。不过，只要有一个人为了这个点子而着迷，它就有可能成为热销商品，值得到市场上放手一搏。

而大家都认为很好的商品，就要特别当心了，因为这表明这项商品合乎所有人的理解，是属于一般常识范围内的东西。换言之，就有可能是非常老套、没有新意的商品。

再者，大家都觉得好，也代表这是很容易想到的点子，很可能早就有人已经开发出售了。

需求不能靠寻找，而是要去创造。方法之一就是找出自己强烈需要的东西，也就是从自我内在去挖掘。

20

最厉害的方法是不把问题当问题

× 舍弃"解决问题"的思考模式 ×

- **无法舍弃的人**

  非解决不可的问题越来越多。

- **成功舍弃的人**

  专注于解决真正重要的问题。

"解决问题"一词已经在商场上根深蒂固，就连在日常生活中，也会遇到许多问题。这时候怎么应对，也就是如何解决问题，会对我们的人生产生极大的影响。

举例来说，一早起来要刷牙，却发现没有牙膏了。这时有许多不同的解决方法，包括"用盐巴刷牙""赶快到超市买牙膏""上班途中顺便买牙膏，到公司洗手间再刷""嚼口香糖代替刷牙"，甚至是"不刷牙直接去上班"。

又如，一早直接到客户的公司去做简报，到了那里才发现忘了带资料，这时该怎么办呢？

"打电话回公司，请人帮忙送过来""请求客户将开会时间往后延，赶快回公司拿数据""光靠大脑里的数据直接做简报""请求客户择日再做简报"……可以想到很多种解决方法。

如果可以事前预防问题，或是遇到问题时尽快解决，就可以不用担心，不仅可以预防损失，还能从中获得利益。因此，解决问题的能力，关系着能否实现梦想的人生。

也就是说，"解决问题的能力"不只在商场上很重要，对人生来说也是一种"获得幸福的思考与行为"。

解决问题的方法，一般来说分成三大类：

①解决发生的问题。

②解决发现的问题。

③解决创造的问题。

第一类，"解决发生的问题"，指的是解决已经发生的问题，这也是许多人对"解决问题"最常见的理解，就像生病了就要找医师治疗。不过，这类针对问题困扰的对症疗法，只是权宜性的方法而已。

第二类，"解决发现的问题"，意指在问题还未扩大之前提前发现，以事先预防的方式，防止问题浮上台面。在问题尚未形成前先采取行动，问题便不会发生，就不需要解决问题了。就像只要平时注意保持健康，就不需要去医院。

第三类，"解决创造的问题"，意思是自己努力寻找问题。不要等别人说，先想办法克服自己的弱点，或是尽可能地发挥自己的优点。就像把运动量不足设定为自己的课题，计划性地进行运动。

● 最厉害的解决方法，是"不把问题当问题"

以上三大类都是一般解决问题的方法，而我要介绍的是第四种方法。

这种方法非常简单，就是"不把问题当成问题看待"。就算其他人觉得"那是问题"，只要自己不这么想，就没有解决的必要。

例如，"身材丰腴，健康检查结果证实是代谢症候群"，以日本的医疗常识来判断，都会建议减肥。

然而，也有研究显示"胖的人比较长寿"，甚至也有说法指出，胆固醇并非完全不好，而且也有人就是喜欢自己的另一半胖胖的。

像这样以自己的方法去思考，只要能找到合理的理由，就可以告诉自己不需要在意"胖"的问题。如此一来，"代谢症候群"就不再是问题，也不需要解决了。

简单来说，就是面对别人所说的问题时，千万别不假思索地就认定"非解决不可"。只要对自己来说不是真正重要的，不管别人怎么说，尽可能无视问题的存在就可以了。

一个幸福的社会，是建立在生活在其中的每个人都能获得幸福之上的。因此，首先要做的是为了自己和家人的幸福，把心力专注在真正需要面对的问题上，如此才是最具建设性且合理的做法。

21

优化资源，放大思考力

×　舍弃资料搜集　×

- **无法舍弃的人**

  思想受情报控制。

- **成功舍弃的人**

  思考能力变得更好。

在这个时代，事情一旦发生就会立刻被公开到网络上，一下子就在全世界传开来。

网络信息不断更新，才一个小时前的信息就已经算是旧新闻了。

另外，报纸杂志上的文章或新闻报道等，也全被放上网络，随时都可以浏览。于是，过去资料搜集术或管理术中所主张的剪贴、保存等方法，渐渐都变得毫无意义了。

需要时再一次搜集，利用后就完全舍弃，也就是把情报当成消耗品来使用，这样的方法更适合现代社会。

如此一来，真正需要保存在家里或公司里的资料会变得非常少，生活就能变得更轻松了。

正因为处于这样一个时代，"舍弃资料搜集"的想法才更显得重要。

● 停止为思考而搜集资料

我出生于 1971 年，小时候几乎都是在室外玩耍。我记得是上小学后不久，市面上才开始出现电子游戏机，在室内玩游戏的机会才渐渐变多。

如今，每个孩子从小身边就充斥着计算机和手机，不必花费任何心思就能玩得很开心。

搜集资料也变得更简单了，只要利用网络检索就能获得大略的认知，网络上也到处可见各种技术分享，俨然已经到了一个不需要动脑思考就能找到"答案"的时代。于是，就出现了一些人误把网络上的信息，甚至是传闻之类的不实资料当成事实的情况。

资料本来就是思考的材料，资料之所以存在，是为了找到思考的方向，让人可以从搜集来的资料中有所发现，导出结论并采取因应行为。

然而，在这个信息泛滥的年代，不只给有思考能力的人提供了有力的工具，另外，对没有思考能力的人，也剥夺了他的思考，可以说是个将知识极端两极化的时代。

● 资料的解读能力

之前有一则新闻是，警方逮捕了一名以 3D 打印的方法制造枪械的人。受到这则新闻的影响，当时的报道呈现一片负面声浪，大家都在讨论"3D 打印技术的弊端"以及"必须针对 3D 数据下载制定规范限制"，等。

在这样的社会氛围中，我却感到一股兴奋，因为从这则新闻中可以发现，在企业环境的剧烈变动下，可以期待的是，个人竞争力将会因此受到激发而越来越强。

3D 打印是一种可以制造出立体印刷品的装置，功能不同于以往在纸张上的平面印刷。

这种技术现在已经实际使用在制造业和建筑、医疗等场所，而且由于一台机器只要十万日元，所以任何人都买得起。或许在不久的将来，就会像手机一样普及，人手一台 3D 打印机。

一旦这一天到来，所带来的效应是任何人都可以自行从事设计制造，即使是一般普通技能等级制造出来的物品，也可能隐藏着巨大的商机。

3D 打印做出来的东西，能直接拿到网络上出售。像深受来日本观光的外国游客喜爱的食物模型，也能在家将自己的料理扫描打印出来，上色后就拿到网络上出售了。的确，复制他人的作品是犯罪行为，就跟侵犯音乐或影像著作权一样。但是，3D 打印技术确实可能对个人的买卖行为造成改变。

然而，如果光从前述媒体的负面报道来看，想必一定无法推想出 3D 打印技术的这些可能性。

当资料搜集到某个程度时，就先暂停搜集新的资料，思考接下来可以怎么做。接着，再假设自己的论点，并以实际行动验证，最后提出结论。

如果只是搜集情报，而没有经过思考和导出结论，就等于"什么都不知道"，因为这是个以成果代表一切的时代。

22

精英都工作到深夜

- **无法舍弃的人**

  中年以后收入越来越少。

- **成功舍弃的人**

  工作实力越来越强。

许多报纸杂志等媒体都告诉大家，面对工作要落实"不加班"的原则，实现"工作与生活平衡"的梦想。

这种工作方式确实是最理想的，我也赞成以最短的时间完成工作，没有什么比这点更让人有成就感了，而且随时留意上班时间的最后期限（即下班时间），还能提升工作效率。不过，这都只是针对附加价值低的"行政工作"所言，而"工作"原本就必须有所附加。

举例来说，隔天要拜访客户，这时做事有效率的人就会先稍微浏览一下客户的网站，将过去针对同样业务性质或形态所做的提案书拿出来大略修改，最后再上网找出客户公司的交通地图，打印出来放进公文包，如此就算准备完毕。

不过，这些准备每个人都会做。

如果是有成长空间的人，会进一步针对客户公司或项目负责人可能会遇到的问题进行假设，事先准备好问题和解决方法，等到和客户开会时，再询问对方是否需要这方面的协助。

这时，客户可能会因此觉得"这个人不一样"或"把事情交给他应该会成功"，等。

为此，当然就必须事先详读业界相关杂志和各种数据，从中思考问题，参考成功案例等，做足准备。

除此之外，由于客户是业界的顶尖人士，所以对整个业界的状况一定了如指掌。这时，如果拿对方早就知道的事情来夸口，一定会被对方奚落。因此，除了业界的状况之外，也要"事先了解其他行业的案例"。

那么，以上这些准备，真的可能在"不加班"的情况下完成吗？

● 提倡不加班的人，不是老板，就是"曾是工作狂"

提倡工作不加班的，到底是哪些人？

简单做个调查就会发现，大部分是企业经营者。以经营者的角度来说，员工加班就是成本付出，而且还可能导致员工得抑郁症或过劳死，甚至会使得优秀员工因此离职，这些都算是经营上的风险。因此，尤其是大企业或上市公司的经营者，都会想尽办法减少员工加班。

也就是说，"不加班"其实是和一般人立场相反的人所主张的。姑且不论从个人成长的观点来思考，不加班是否真是自己所期望的做法。对于这个从他人角度提出的论点，绝对不能囫囵吞枣地轻易接受，一定要对照自己的状况审慎思考才行。

另一种主张不加班的人，是像知名经济评论家胜间和代一样的。这种类型的人过去在工作上非常拼命、努力，提升实力之后，如今都过着可以维持工作和生活质量的日子，因此他们可以采取"不加班"的工作方式。如果不清楚背后的现实状况，就去解读他们的主张，只会误解"不加班"的真正意义。

● 过去拼命努力工作的时期

我的第一份工作是在近乎被解雇的情况下离职的，那时候我因自己的能力不足而非常烦恼。于是做第二份工作时，便决定花两年的时间放弃生活质量，全心全意投入工作中。这个想法源自许多商学院的课程都是两年制，因此我认为只要努力两年，一定就可以看到成果。

我的第二份工作一开始是在连锁超市做门市员工。

早上七点到店里，下班通常都是晚上十点过后了。每周只休一天，周六和法定假日都没有休息。加班费与节日加班费，只能拿到公司愿意承认的部分，其余的都被视为自我进修的时间。

一年后，我晋升为督导员，负责指导各门市。即使已经升官了，工作还是一样忙碌。当时，我每天开着公司的车到处巡店，完全没有加班的概念，从一早到深夜四处跑。空闲时，就到对手的门市去刺探情况，放假时，就去视察新开业的商场。

● 下班回到家后，什么都不做

下班回到家后，就只有休息，完全不做家务。因为睡眠状况会影响工作质量，所以完全不减少睡眠时间。晚上十一点就寝，隔天早上六点起床，如此就能确保睡足七个小时。

我不看电视，不上网，不扫地，不煮饭，反正家里脏了也死不了人。三餐就在各门市的办公室里吃微波快餐，反正不会一辈子都这样吃，就不在意了。

因为是自己一个人住，洗衣服这件家务事省不得，但内衣裤、衬衫、西装外套，我都各买了六套，也准备了很多条浴巾，每天换下来的衣服，就留到周日再一起洗。如此一来，平常就可以不用洗衣服了。

每天晚上回到家，十五分钟后一定就寝，早上起床只要淋浴，不到三十分钟就能出门上班。虽然这样的日子无法有任何娱乐活动，但我就当作自己选择什么都不做。

三年后，我从全国一百五十个督导员中脱颖而出，成为优秀员工，受到公司表扬。

● 把异常当成正常之后所看见的事实

二十九岁那年，我跳槽到经营管理顾问公司。当时即使不是自愿，我也被那里异常的工作环境逼得不得不努力。

每天下班都已经是凌晨两三点了，几乎天天都是搭出租车回家。没有休假，一年里有三百六十天都在工作。除了和公司同事聚餐或迎新餐会等重要活动之外，其他邀约几乎完全推掉，也不外出游玩（根本没时间去）。除了工作所需以外，所有的阅读和学习都完全放弃（其实是没时间）。我舍弃了所有最基本的生活质量（其实是不得不放弃），就这样持续工作了三年。

或许有人会觉得不可能做到这样，但人类是习惯的动物，一开始的确很痛苦，但过了一个月后就习惯了。即使是不正常的生活，只要每天持续这么过，也会变成正常。

当然，每个工作环境不一样，每个人罹患抑郁症或过劳死的极限也不尽相同，所以这样的说法并不适用于所有人。即便如此，平凡的日子也能不平凡地过，接着再把它视为平凡。就这样到了最后，我终于摆脱了过去悲惨的感觉。

● 二十到三十五岁是奠定基础的时期

假设你现在二十岁，之后必须再工作四十年。如果一直坚持不加班，四十年后，你还具备赚钱的工作实力吗？

在现今这个年代，工作上的竞争对手不只有本国人，甚至包含新兴国家在内的整个世界。尤其是中国和韩国的精英阶级，更是不分昼夜地拼命工作。

面对工作时，如果只知道和本国人做比较，或是主张一定要符合劳动法，从个人成长的角度来看，真的会有所帮助吗？

就像山高则山麓广，地基挖得够深，建筑物就能盖得更高。年轻时与其重视休假或收入，不如专注于锻炼技能、打好基础，往后的成长空间就能变得更宽广。

只要这么想，就会知道不需要老老实实地把自己的生活方式套进公司或法律所制定的"上班时间"框架内。

当然，人生中有时需要把重心放在孩子身上，也有必须照料父母的一天。不需要太过勉强自己而把身体搞坏，所以，有时也必须鼓起勇气断然地放下工作，好好休息。将以上种种都纳入考虑后，再来决定自己的工作方式，甚至包括提升自我能力的方法。用这样自我负责的判断标准，来决定生活方式，才是所谓掌握自我人生的主导权。

23

不完美才更美

× 舍弃完美主义 ×

● 无法舍弃的人

　　人生受困于压力中。

● 成功舍弃的人

　　变得能够接受挑战。

就像许多前人所说的，"完美主义"也是必须舍弃的习惯之一。

在某些领域中，的确得追求完美，例如，医疗行为。不过，在一般日常生活中，讲求完美只会让世界变得狭隘，为自己带来压力。

完美主义的坏处有以下几项：

①反应慢。

②面对变化时容易不知所措。

③心理压力大。

④容易对他人感到不满。

①反应慢

如果凡事都要完全准备好再采取行动，反应一定会比较慢。

以学校考试为例，就算"模拟考"考不及格，也能从考试过程中知道面对什么样的题目该如何分配时间，也可以了解考场的气氛和自己面对考试时的心理状态。

如此一来，在下一次模拟考或真正大考时，就能做得更好。模拟考的次数越多，面对真正大考时就越能保持平常心。

在商场上也是一样，即使自认为策划案已经很完美了，也一定要根据顾客反应或市场变化做修正。

我过去的失败事业中，有一项工作是"投资目标检索网站"。当时我们规划了一个非常大的远景，和网络制作公司针对研发工作（程序功能设计）不断开会讨论，长达半年以上，投入了非常多的资金。可是上市之后才发现，对手的程序服务已经领先我们许多，使用者的需求也已经改变，不同于以往了，因此我们的东西完全卖不出去。由于一开始设计时整个程序就已经环环相扣了，要修改得花大笔成本，当时就算想挽救，我们的资金也已经不够用了。也就是说，我们已经没有办法了。

如果不想遭遇这种情况，当初应该在完成六七成的进度时就先上市。上市后就会有顾客反应，能借此获得消费者意见。就算顾客完全没反应，也算是一种反应。

接着，再根据顾客的反应去做调整，例如，"下次把这个地方稍微改良一下，应该会更受欢迎"，或是"这次这样做很成功，下次进一步改良，把东西变得更好"等。像这样不断错误尝试，就能让商品慢慢地越变越好。

②面对变化时容易不知所措

有时候，花了很多时间仔细制作完成的简报数据，交给上司后，却因为一些明显的缺失或方向问题而被迫修改。

这时，一切的时间和努力都白费了，甚至会让人一下子斗志全消，提不起劲来。

为了避免发生这种情况，一开始对细节部分不必太过要求，先讲求速度，当完成整个概况或结构时，就先交由上司过目。

如此一来，就算与上司期待看到的内容不一样，也可以借此机会接受修改意见，防止到最后才重做或导致无谓的作业、浪费等情况发生。

因此，就算不是很完美，总之，"先暂时完成"。

例如，写策划书或报告时，一开始就先抱着"后续还得修改三次"的心态去做，如此一来，最后一定能交出非常完美的成品。

第一次先以"不需要太讲究细节,但又不至于太草率"的方式，大略完成整份报告，接着根据上司的意见做修改，最后针对细节部分做补充，直到自己能够接受的程度为止。

只要在一开始就"先大概完成整个架构"，就会感到比较放心，之后就可以专注在补充内容上。越是提早完成整体架构，就越有时间做内容确认或修改。

一开始先放弃以"完美"为目标，最后就能完成高质量的成品。这是我从过去经验中所得到的教训。

③心理压力大

完美主义的人都容易累积压力。

一定要成为模范员工、模范妻子，这种想法会让自己无论在时间上或心理上，都被逼到无处可逃，身心俱疲。

相反，只要告诉自己"大概就好"，顿时就能从各种强制力、压力、义务中解脱，每天都过得很轻松。

要养成这种"大概就好"的态度，必须先舍弃"应该"理论。"应该要这样""不这样不行"等，这些想法都会将自己束缚住，所以最好舍弃。

这时，可以先试着思考一下，一旦舍弃"应该"理论，会对自己造成什么困扰？

例如，打扫。人不会因为家里太脏就活不下去，就算不洗衣服，前一天穿过的衣服喷点儿香水后，一样可以蒙混过去继续穿。

又如，孩子的教育。父母的态度过于积极，孩子可能会因为压力而罹患倦怠症。相反，不尽责的父母，有时反而会成为孩子自我警惕的负面教材，因而养成认真的态度。因此，并非事先为孩子安排好未来的路就是正确的。

这样的说法或许会让人觉得有点儿牵强，不过只要这样去思考，就会知道事情并非只有"完美"一种选择，如此一来，就能容许自己放弃追求完美了。

④容易对他人感到不满

完美主义的另一个缺点，是要求他人也要完美，"因为我很完美，所以你也应该这样"。

如此一来，待人就会变得严厉且少包容心，常常感到焦躁，甚至会怒斥他人："为什么连这个都不会！"

强迫他人做到完美，会使人感到不悦。渐渐地，人们就会因为觉得你很"啰唆"而远离你。职场上的独行侠，通常都是这类完美主义者。

人都是不完美的，这个社会也是，当然我们自己也是如此。这世界上的一切都不完美，因此才充满了发展与改进的可能性。只要这么想，就能接受并原谅他人的不完美，渐渐地不再为他人的言行生气或焦躁，过上情绪稳定的生活。

你坚持的原则其实害了你

第五章

职场精进，
离成功更近一步

24

找出自己应该发挥的价值

× 舍弃公司的考核标准 ×

● **无法舍弃的人**

　　能力无法适用于其他公司或业界。

● **成功舍弃的人**

　　发展出能适应各种环境的工作能力。

在和企业家交流的众多经验中，我发现那些不断晋升的人和完全没有成长的人，两者之间还是有共通点的。

其中一个共通点为"是否重视公司的考核结果"。越是能力优秀的人，越是说自己不知道公司人事考核的标准，也就是对于该怎么做才能获得公司的高度肯定，一无所知。

如果在意公司给予的评价，对于一些事实上有损客户利益的事，也会因为考虑到公司的立场而把它正当化。相反，如果不把公司评价放在心上，就能专心思考"对待客户时，要怎么做才能保持双方长期的合作关系"。

换句话说，就是找出自己应该发挥的价值。

以维修装潢公司的业务员为例，从考核或奖金考核的标准来看，拿到越多单子或单价越高的工作，对自己当然越有利。于是，面对客户时就会把一些不需要的工程列入估价中，例如，"这边有点儿破损了，早点儿修一修会比较好"。

不过，就我所熟悉的维修装潢公司而言，最后获得公司高度评价的员工，是站在客户角度思考的人，例如，"这边有点儿破旧了，不过没关系，应该还不必修补。如果真的坏得太严重，请再跟我联络"。

业务员老实说出没有修理的必要，仅估价后就回去了。这样的态度在客户看来，会觉得他是真的在为自己着想。

对于这般诚实的良心，任何人都会感动，等到后续真的需要修理时，客户一定会再找同一个业务员，而且还会到处介绍给周遭的人。

事实上，这家维修装潢公司在当地是最受欢迎的公司，深受所有居民信赖，有非常多的老客户，连大型装潢公司都无法进驻到这个区域和它竞争。

● 一心为客户着想，反而能够获得公司肯定

以饭店前台接待员的工作为例，假设客人登记入住时，发现计算机里没有他的预约数据，这时你会怎么做呢？

当你对客人说"我们这边查不到您预约的数据"时，客人可能会反驳你："不可能，我预约了。"

于是你再确认一次，还是找不到数据，只好跟对方说："真的很抱歉，还是找不到您的名字。"

"怎么可能！我明明在网上预约了，我还有预约成功的确认信息，你看……啊！我订错月份了！"也就是说，搞

错的是客人。

这时候，客人一定会觉得很不好意思，而身为前台接待员的你，或许会因此感到得意："看吧，我不可能搞错的。"

不过，这么想的你一定不知道，证明自己是对的所换来的代价，就是将来失去了一位客人。如果几经确认后，还是找不到客人的订房数据，真正优秀的前台接待员会这么对客人说："真的很抱歉，可能是我们的工作疏忽。我们现在立刻替您安排房间，可以请您稍候一下吗？"

"怎么做才对公司有利""怎么做才会让客人再度上门""怎么做才能获得客人的信赖"，把重点放在做生意最根本的目的上，再去思考必须采取什么行动。只要这么想，就会知道和客人争辩谁对谁错根本一点儿意义也没有。

公司的目的虽然是赚钱，但比起赚钱，公司更在乎社会的反馈，因为这代表着企业形象。因此，对于受客户欢迎的员工，公司绝对会重视，不会轻易放手。

我也是老板，很清楚这个道理。员工收到客户的感谢函，这对公司来说是一种荣耀，对其他员工也会有正面影响，老板当然会重视这样的员工。不过，这样的员工往往最后都会离开，自己去创业……

相反，越是没有创业能力的人，对公司的评价会越在意，完全不顾客户立场，只是一味地忠实于目标营业额等公司指示。可悲的是，这种人通常就是会犯下组织性错误的人。

到头来，只有那些一心在意"怎么做才能让客户高兴"的员工，才能获得公司的肯定。

25

逃避也无妨

× 舍弃 "更上一层楼" 的想法 ×

● **无法舍弃的人**

拼命过着疲累的人生。

● **成功舍弃的人**

拥有非常满意的职业生涯。

虽然有点儿突兀，但我想在这里简单介绍一下我过去的经历。

大学时，我对执业会计师的工作非常有兴趣，于是考取了日商簿记一级的证书。不过我在日本会计师考试中落榜了，后来好不容易才考取了美国执业会计师的资格。大学毕业后，我做了半年的自由工作者，没有固定工作。最后，我终于找到会计师事务所的工作，却接连犯错，才做了一年就近乎被解雇般辞职离开了。

接着，我转行到连锁超市的总公司，从店长做到督导员，最后被评为优秀员工，被提拔至总公司的企划部。后来，虽然在工作上一直受到肯定，我却感觉自己无法继续在这里获得成长，决定再换工作。

接下来的经营管理顾问公司工作非常忙碌，一段时间后，我对这样的生活感到疲累，于是开始投资房地产，试图放慢工作脚步，让生活回归正轨。

后来，投资房地产上轨道之后，我辞去顾问公司的工作，和当时房地产公司的一位员工，因为意气相投，合开了一家网络广告代理商的公司。不过，公司不太赚钱，再加上我和股东之间在想法上的摩擦越来越多，最后我退出了公司。

我自己创立了一家房地产中介公司，规模越做越大。后来因为觉得管理很麻烦，干脆将公司分割成不同的小公司。我负责的小公司成了一人公司，我也放弃了地产中介的工作。

最近我做的都是自己感兴趣的工作，包括代办保险、代办菲律宾英语留学、律动英语学校等。

这样一回顾，我的人生就是不断重来，每隔几年就放弃眼前的工作和经验，投入另一个新的环境、新的行业中，而这些也造就了如今的我。

● 没有舍弃就无法拥有新的挑战

在同一个领域中持续不断地努力，当然也很重要。不过，停留在目前的地方，也等于舍弃了挑战其他事物的机会。

当回想自己在工作上的变迁时会感到欣慰，通常是因为获得了新的能力，而这个能力在一直做同一份工作的情况下，是绝对不可能发现的。

进入超级市场工作之后，"假设验证"成了我基本的工作态度。此外，顾问工作则让我学会了凡事用逻辑思考。这些能力对我后来的人生而言，都是非常重要的财富。

而且，正因为我离开了原本的工作，转换跑道，才有机会学会这些能力（当然，不换跑道也有不换跑道的人生境遇）。

除此之外，有了新的能力之后，在面对新挑战时，一直以来的想法、行为和工作态度，也会跟着改变。例如，学会假设验证的方法之后，面对新挑战就不再感到胆怯，学会"先做就对了"的态度。

也因为懂得逻辑思考，后来的每一次投资都能有稳定的获利，才有办法写出这么多本著作。

有些人对于短时间就转换跑道的做法感到不以为然，但我认为这并非完全没有好处。

把每一次的经验当成自己的收获，好好思考自己想做什么、适合哪方面的工作，进而在人生路上不断选择（自己所认为的）更理想的道路。这才是真正重要的部分，也就是以更理想的人生为目标，不断向前迈进。

在过程中，不断转换跑道和离职，都是很正常的情况。

● **职业没有高升或低就之别**

我一直主张"做自己有兴趣的工作"，理由之一是这样工作起来才会快乐。做自己想做的事，得到客人的感谢，甚至还能赚到钱，没有什么比这个更快乐了。

工作本来就应该是一件快乐的事，如果对每天的工作感到无趣，一定有问题。可能是这个行业或这家公司、同事，或是自己的心态，在某个地方有问题。

我们经常可以听到"工作高升"这句话，但我认为工作并没有高升或低就的区别，而是"幸福的工作"和"不幸福的工作"之分。一般来说，大家会把收入或社会经济地位的提升视为"高升"，事实上，真的是这样吗？大家可以看一下我的个人简介。

旁人看起来或许会觉得我拥有一份非常漂亮的高升经历。

不过就如同前述，当上班族的最后那四年，我平日几乎都忙到三更半夜才回家，没有任何周末或休假，也几乎没有家庭时间。

● 逃避也无妨

当初我之所以辞掉会计师事务所的工作，是因为我已经快得抑郁症了。从进公司开始，我就不断犯错，不是计算错误，就是输入错误，每天都被上司责骂，被压得喘不

第五章
职场精进，离成功更近一步

141

过气了。当然这是我的不对，但不管我再怎么小心，还是会犯同样的错。

每天被骂，下了班还要被叫去喝酒训话。同事都躲得远远的，完全孤立我，连跟我开玩笑都说不出口。

压力大到让我每天早上都爬不起来，结果上班迟到，又招来上司的怒骂。整个人变得没有食欲，也无法跟同事一起去吃午餐，变得越来越孤僻。

"不行了，我还是辞职吧！"当我有这个想法时，是在进公司不到一年的时候，但还没下定决心。这时候，工作上的错误越来越严重。

对此，老板和上司都受不了了，把我叫去，逼问："你啊，到底想怎么做？"一时冲动之下，我只能回答："嗯……我要辞职……"

就这样，我仿佛逃避似的辞掉了工作，也就是所谓的失败者。不过，若是为了工作而把身心都搞坏，就全盘皆输了。生命和身体比什么都重要，为了守住健康和最卑微的自尊，就算被说是逃避也无所谓，所以我毅然放弃了那份工作。

近来，血汗工作、抑郁症或过劳死的问题层出不穷。

但从个人的角度来看，只要在发生这些问题之前辞职离开，就什么问题都没有了。

● 从事能改变自己的工作

离开会计师事务所，换跑道到超级市场工作，对我来说是一大转机。我拼命努力工作，第三年就被评为年度优秀员工。如果我就这样一直在同一个领域工作下去，应该可以不断晋升，往上爬到相当高的职位。

不过当时我才二十九岁，往后还有三十年以上的职业生涯，一定得不断地往更广、更深入的地方扩展我的舞台。也就是说，当时我有非常强烈的成长欲望。

因此，我必须尝试难度更高的工作，和更优秀的人才互相切磋琢磨。

基于这些考虑，我转换跑道到管理顾问公司，因为我认为那是一个"可以让自己变得更好的环境"。

后来，三十四岁那年，我舍弃了管理顾问公司的工作，独立创业。之后，又不断地开公司，卖掉，关闭。即便如此，我对"舍弃"完全不会感到抗拒或害怕。

我深刻体会到，不要为自己设下禁忌，只要在每个不同的时机点做出最合理的判断，"舍弃"就会为自己带来新的挑战。

　　轻易就放弃或只想靠他人坐享其成，当然不会有任何改善。冷静评估自己的个性和当下的环境，眼前的这份工作是否为最好的选择？继续做下去，人生会变得更快乐吗？大家不妨再思考一下。

26

工作可以很有趣

× 舍弃提早退休 ×

- **无法舍弃的人**
  结果是无法退休。

- **成功舍弃的人**
  一生都能做自己喜欢的事。

不少人都觉得工作很辛苦，所以想尽早退休。不瞒大家，我之所以会开始投资房地产，也是因为这个原因。

2004年，我光靠房租收入就能过活，于是我辞掉工作，暂时过着无所事事的生活。不过，自由所带来的兴奋感只维持了两个月，没多久我便感到生活无趣且充满不安。于是和投资房地产时认识的朋友一起开公司，开始做广告代理商的工作。

后来，我又创立了一家房地产中介公司，虽然过程曲折，但一直到现在，我仍然做着与个人投资和创业相关的工作。

什么都不做的日子，比想象中还要无趣。除此之外，更严重的是，如此一来，自己的未来就一点儿贡献也没有，更不会有任何成长，有的只是大脑不断地衰退。这样的未来让我深感恐惧。

如此一来，之前的社会经验、外资顾问经验、工作和投资上的经验等，到底是为了什么？别说活用这些经验来提升自我能力了，只是渐渐变成一个从职场上退下来、经验不再适用于当下、跟不上时代变化的人。缺乏刺激的日子，我觉得自己的大脑越来越迟钝了。

自己的这副模样，父母看了会怎么想？孩子又会怎么看待这样的父亲？而且，二三十岁的年轻创业家正以惊人的速度迎头赶上，甚至超越自己。就算再有钱，时间再多，也没有比这更让人感到深切恐惧的了。

● 成功者重返职场的原因

这是我朋友的故事。

他在二十多岁时创立了一家公司，经营得非常成功。后来，他在三十岁左右将公司转手卖给了某家大企业，一口气获得了数十亿日元。他心想,如此一来总算可以轻松了，于是移民至夏威夷，过着每天不是冲浪就是打高尔夫球的退休生活。

然而，不到一年，他又回到日本创立新公司，回到了过去那种忙碌不堪的生活里。

他说："游玩终究只是游玩，就算是高尔夫球或冲浪，如果不是为了成为顶尖好手或有任何目的，一下子就腻了。兴趣或娱乐终究无法成为人生的重心。"

他也说过："正因为平常都在工作，周末时才会感到充实。也因为平常很忙，面对兴趣和闲暇时间时，才会感到心情放松及愉快。再说，我深深体会到，不做点儿与人互动、对人有所贡献的事，心里的疏离感和不足感是多么深刻。"

● 提早退休只是一种手段

这句话的意思是，提早退休并不是离开社会去隐居，而是创造出一个环境让自己可以做真正想做的事之手段罢了。

换言之，这意味着工作成了兴趣，兴趣也成了工作。如此一来，真的每天都会变得很快乐。如果还能从中赚到钱，就会想再付出更多，做起事来更有动力。

经常有人问我："你又有资产又有收入，为什么还要工作得这么累？"我总是回答对方："工作这么有趣，为什么我一定要放弃？"

做自己喜欢的事，还能因此得到别人的感谢，甚至赚到钱。这么好的一件事，我想大家应该都能了解为何我找不到放弃的理由。

我想，会问这种问题的人，应该打从心底就觉得工作并不快乐吧。这样的人即使想提早退休，事实上也办不到。

面对工作时，不会用心努力解决问题的人，不可能找到实现提早退休的方法或行动。

　　当一个人"有真正想做的事"而采取行动时，大脑会全力启动，就能找到创造资产和多重收入来源的方法。这样的人，一定能为自己创造出一个可以做喜欢的事过生活的环境。

27

拆掉思维的墙

× 舍弃成功经验 ×

● 无法舍弃的人

　　成为啰唆的老头。

● 成功舍弃的人

　　可以从所有经验
中找到收获。

之所以要舍弃过去的成功经验，理由很简单，因为过去的成功经验会让自己束缚于陈旧的想法中，因而无法再对大环境的变化做出应对。

一喝醉就会把过去的丰功伟业拿出来说嘴，活在过去的光荣里，大多是这类人。面对这样的人，可以直接戳中他的盲点，例如，"既然你那么厉害，现在就做出成绩来看看啊"！

我曾看过某家商品期货公司让公司里的最佳业务员直接担任社长，这类的例子在以前其实很常见。

在过去还没有网络的时代，开拓客户主要是靠打电话，因此所有最佳业务员的业绩，几乎都是靠电话营销建立起来的。

近年来，政府开始对商品期货交易的电话营销做法制定规范，比起以前，电话营销变得越来越不容易了，业界所有的人都知道这样的营销方式总有一天会完全消失。于是，几家企业开始纷纷改变手法，改为举行投资讲座的方式，借此取得客户的同意，以达到营销的目的。也有公司将期货商品的范围缩小，改以黄金或白金等现货为主要商品，试图在严峻的市场中得以生存。

相反，坚持固守电话营销的公司，由于旧有开发客户的方法不再可行，又无法找到应对措施来摆脱困境，最后只能关闭公司，旗下业务员大量改聘至其他公司或被解雇。就这样，目前的商品期货公司和十年前相比，减少了七成左右。

● 只撷取经验中可用的部分

这里所谓的"舍弃成功经验"，并不是要你把一切全都忘了，而是指别被过去的成功经验束缚，紧抓过去的方法不放。

不要机械式地不知变通，面对任何状况都以相同方法来应对，而是要从过去的经验中找出成功的要素，转换成内在智慧或记取教训。这才是面对成功经验最重要、最应该做的功课。

如此一来，就会知道面对什么状况可以用过去的方法来应对，或者需要加以修改，或者过去的方法根本不适用。

以卖房子为例，在现今这个信息化的年代，过去那种面对面的直销方法已经不再适用了。如今最常见的方法是上网录入销售数据，或是通过夹报广告的方式，促使大家来参观样品屋，再借此展开交易。

不过，有些商品或行业仍然适合直销，如墓碑。墓碑不是生活必需品，一般人也不会随便就买或买了又换。

像这类既非生活必需品又昂贵的高价商品，就必须让客户产生购买动机，也就是让他知道"为什么我要买这个"。如果是通过广告、传单或网络的方式，本身没有这方面需求的人，根本就不会留意，也不会主动上网检索这方面的信息。

不过，借由直接面对面的说明，就有可能引发客户潜在的需求，例如，"这么说来，老家的墓碑都旧了，或许该为老人家着想，重新做个新的了""我以后的墓碑要比旁边的来得好"，等。

此外，如果是特别昂贵的高价品，"跟谁买"就变得很重要了。

就算一开始只是为了推销商品，在接连拜访之下，也会让客户对你产生熟悉感，建立起信任关系，借此就能顺利卖出商品。"那个推销员人很好，是他推荐的我才买！"因为这样而买东西的人其实不少。

将过去的经验转化成实际的智慧和教训，例如，商品特性、客户需求及引发需求的方法等，在面对日后的各种状况时，就能区分哪些场合适用过去的方法，哪些情况不适合。

如果只是一直受限于过去的方法，例如，"以前用这个方法可行""这个方法以前行不通""我比较擅长这种做法""这种做法我不太会""大家都这么做"等，就会无法接受其他较新、较有效率的方法。

只要抛开这方面的固执，自然就能想出从没尝试过的方法，产生想试试不同做法的动力。而这股动力将会为你带来更多可能性，让你的能力更上一层楼。

28

你配得上更好的人生

× 舍弃 "忍耐" ×

- **无法舍弃的人**

  徒增无谓的努力。

- **成功舍弃的人**

  找到方法来实现想做的事。

过去，日本推崇"忍耐才是美德"的文化，现在多少仍有这种观念，许多老一辈的人都会教我们"要忍耐""不要吃了一点儿苦就受不了"，等等。

我认为，如今这个社会已经渐渐不再将忍耐视为必要了。不分昼夜地跑业务、没有达到目标业绩不能回公司等，过去，面对这些职权霸凌，即便觉得不合理或满腔怨言，也必须默默忍耐，因为这就是工作。但是这样的年代，如今已渐渐消失了。

这样的改变，不单纯是社会潮流引起的转变，而是受到社会基础结构变化所带来的强烈影响所致。

● 只要有实力，就能摆脱讨厌的职场或同事，独立工作

现今这个时代，很多人都是靠在博客或电子杂志上写文章为生，也可以将自己的插画、摄影或动画等作品，上传到网络上出售。

公开发表及出售自己的商品或服务，同样也变得非常简单。例如，在雅虎搜寻网站上开网络商店，完全不需要任何费用，只要利用在线付款机制，任何人都能做会员制

的生意。或是通过家教网之类的中介网站，任何人都能当"老师"，做教学的生意。

大企业也开始积极增加与个人之间的生意往来，就连创立有限公司，也只要准备二十五万日元就能办到。

随着社交网站的普及，就算不雇用任何员工，你也可以邀请世界各地的专家来组成团队，完成一件重大的工作。

社会上有共同工作室或办公室出租，要找到工作场所并不困难，工作上也有各种云端服务可供利用。借由这些，以极低的成本来运作一家公司，不再是不可能的事。

当然，这个年代也是个若无法提供附加价值便无法在市场上生存的严厉时代。不过在这个时代，你可以只做自己真正有兴趣的事，而不必再做不想做的工作，或与不喜欢的人共事。

● 只有无法接受挑战的人，才会强迫自己忍耐

如果你觉得自己现在对某件事"正在忍耐"，不妨想想：忍耐是否真的有意义？忍耐对自己真的有很大的好处吗？真的会有明亮的未来吗？

如果思考后觉得"忍耐对自己没有好处"，就为自己负

责，爽快地舍弃忍耐的做法吧。说得极端一点儿，就算是刚到新公司工作才一个星期，也最好辞掉。因为不管做任何事，最重要的都是"对自己有没有意义"。

当然，社会上每个人的想法和价值观不尽相同，工作上也因为牵涉客户和谈判，很多事情都无法按照自己的意思进行，有时候不得不配合对方，放弃自己的主张。这些状况，就算是自己创业也一样会遇到。

不过，这种状况并不是忍耐，而是为了让工作能够顺利进行的一种解决方法，一种有意义的妥协，和"忍耐"不合理的事，意义不同。

就算我这么说，或许还是有人会反驳：

"不能轻易放弃。"

"太放纵只会让没有耐性的年轻人越来越多。"

"如果大家都只想按照自己喜欢的方式生活，这个社会就毁了。"

"工作做不好的家伙，换到哪间公司都一样。"

如果有人这么说，不妨先确认一下对方是什么样的人。大多数时候，说这种话的人，不是自己没换过公司，就是他认识的人转换跑道后工作都不顺利，因此只看到事情的这一面。

越是不曾面对挑战的人，或是没有勇气改变自己所处环境的人，越会合理化自己的生活方式，并反对不同于自己人生观的意见。

接下来的时代，"绝对不能放弃的事情"会越来越少，整个大环境也变得只要有心要做，就什么都做得到。至于"做不到的事"，也一定有解决办法。

只要善用这样的环境，需要忍耐的情况就能不断地减少，而一旦完全舍弃忍耐，就能过着更自由快乐的生活。

毕竟，如果是为了忍耐而对生活感到无趣，这样的日子只是浪费人生罢了。

29

世界从来就不是非黑即白

× 舍弃二元论 ×

● 无法舍弃的人

　　不再思考。

● 成功舍弃的人

　　对于自我判断抱
有根据和信心。

我曾经在演讲时说过："红灯时可以走，没关系。"台下听到的人无不为这样的发言感到惊讶。

《日本道路交通管理法》第七条规定："行人必须遵守交通规则。"不过，《道路交通管理法》的目的就如同第一条所言，是为了"防止危险发生""达到交通安全与顺畅""防止因交通引起的障碍"。

也就是说，只要不会危害道路安全和造成交通秩序混乱，并非一定不能穿越红灯。例如，眼前的交通信号灯虽然是红灯，但左右两边完全没有任何来车。

过去，我曾经在网络专栏上提出这样的论点，结果引来"歪理""教唆犯法"等批评的声浪。

我之所以会这么主张，本意其实如下。

如果无法理解事情的本质，例如，"为什么要有这条规定或法律"，就会变成为了遵守规定而遵守。如此一来，有可能被制定规则的人所利用，而让自己陷入不利的条件或立场中。员工守则就是很典型的例子，内容完全是对企业有利。

然而，规定通常都是根据一般状况所制定，有些难免与现实状况不符。例如，随着技术的进步与时代的变化，以前所定下的规定已经不再适用于现实状况，甚至有时会成为革新与创新的绊脚石。

正因为如此，不能只是盲目地遵守规定，必须针对规定的"本质"仔细思考，必要时还得质疑，甚至破除规定。

基于这样的本意，我才会提出"红灯时可以走"这个大家都容易理解的例子。

我这么做的目的，当然不是在教唆犯法，这只是批评者曲解了我的意思、极端的说法罢了。

这些人之所以会有这些激烈的反应，是因为在他们心中，判断的标准永远只有"善与恶""黑与白""赞成与反对"之分。

这种极端的二元论，在你我生活的周遭随处可见。

例如，"反对邮政民营化的人全都是抵抗分子""不可以让孩子接触色情网站""《赤脚阿源》①不应该放进学校图书馆里""新兴宗教团体都是不好的""要选择全球化的思考"等。

在现实生活中，比起能够二元论地清楚区分黑或白，

---

① 《赤脚阿源》：以反核为题材的漫画，作者为中泽启治。

大多数情况都处于无法判断是黑还是白的灰色地带。

特别是在工作上，很多时候都不是 A 或 B 哪一个好，而是综合 A 和 B 两者好的部分，并将交涉过程、解决方法和双方主张等一并纳入考虑，最后归纳出大家都能妥协接受的第三种方案。

● 二元论的态度证明你已停止思考

当事情处于灰色地带时，就表明要靠自己想出方法或发挥想象力来推测状况。这时，必须将感情因素排除在外，用自我价值观作为判断依据，从客观的角度去思考。然而，这一切都非常麻烦。

于是，到头来，就有人会不顾他人的意见，光凭自己的感觉就妄下结论，做出极端的言论。也就是说，用二元论评断事情的人，其实根本没有在思考。

我写过几本有关投资和金钱使用方法的书，经常被他人批评："为了钱，什么都可以做吗？"

说出这种话的人，或许是因为不想承认自己赚不了钱，因此逻辑上认为："赚钱的行为跟犯法或骗人一样"→"我不想成为那种人"→"所以反对你的意见"，以此来自我安慰。

不过，就算想借由骗人来得到金钱，在现今这个时代，这种行为一下子就会在网络上或口耳相传下传开来，没多久就行不通了，有时甚至还会被相关政府机构揭发，如此一来就只是笨蛋而已。

赚钱的本质应该是获得客户的感谢，而金钱则是对方的一种表达方式。感谢的心情会使得对方再次和你交易，你就能因此获得持续性的工作，以及不断增加的单价和数量，最后你的获利也会跟着变多。

以结论来说，轻易就妄下判断的人，根本就没想到赚钱其实是在为他人提供自我价值。换言之，这些人的思考都很肤浅。

● 避免二元论，让思虑更深入，选择更多样

只要能避免陷入二元论的念头，机会和选择就会变得更多。

以"投资房地产"为例，很多人一听，下意识地就觉得一定"有风险"。事实上，投资房地产本身并不一定是安全或危险，只是有人以安全的方法来做，有人以具风险的

方法来做，如此而已。这些都可以说是行为或现象。

因此，知道"如何以安全的方法赚到钱"的人，就可以从投资房地产中，发现获得被动收入的机会。当他的房租收入越来越多时，即使辞掉工作也能维持生活，这时，生活方式的选择也会跟着变多。

如果是一开始就认为投资房地产"有风险"的人，就算眼前有再好的对象或方法，他也会平白地让机会从手中溜走。

● 先听取反对意见再思考

那么，要怎么做才不会陷入二元论的迷思中，而从多重角度来思考事物呢？

首先，在想法上要随时保持"事物通常都有许多不同角度"的心态。这时，可以试着听取与自己意见相左的主张，有助于自己保持多样化的比较观点。

举例来说，如果你认为全身健康检查对健康有所帮助，就听听主张"对健康没有任何意义"的人之说法。又如，假使你认为孩子的早期教育有其必要性，就去阅读主张"没有必要"的书籍。

吸取了正反两面的论点之后，再进行思考，让自己的意见有所根据。一旦自己的想法或意见被指出有风险或缺失，就进一步想办法回避或解决。如此反复进行之后，就能学会多重角度的深入思考能力。

　　这种思考能力将有助于你日后做出合理的判断，也会让你拥有接受后果的自我负责能力。

第六章

主动跃迁，高效时代的内心修炼

30

不妒忌才快乐

× 舍弃忌妒心 ×

● 无法舍弃的人

　　想象力变得贫乏。

● 成功舍弃的人

　　可以从任何人身

上学到东西。

只要有人成功，就一定会有其他人说："他一定是靠欺诈之类的手法才会成功的。"或是"过不了多久就不行啦！"又如，当同事或下属先获得晋升时，也会有人说："他凭什么？""公司真不会看人"，等等。

从客观角度来看，都知道说这些话只会让自己丑态尽出，但当事人听在耳里，难免会受到这些负面情绪的影响。会说出这种话的人意外地多，事实上，整个社会都已经充满了忌妒的负面能量。

会忌妒的人都有一些共通点。首先，生性好强，却没有正面一决胜负的胆量。此外，没有上进心，完全不想努力超越对方，另一方面又不愿意认输，自尊心异常高。

要说出排挤他人的话很简单，也能因此相对提高自己的地位。只是说，只是写，不必努力付出，也不用花费力气，更不需要理智思考，轻轻松松就能发泄自己不平的情绪。这么简单的事，当然会有很多人逃避正面挑战而选择忌妒了。

忌妒最大的问题在于，这种心态会让自己丧失向他人学习的机会。一旦有了忌妒心，就无法仔细分析他人成功的要素，将损失一大机会。

● 网络新贵的赚钱模式

举例来说,近来兴起了一群被称为"新新城族"①的人,他们赚钱的方式其实很简单,以免费的优惠来吸引客户,借此搜集客户名单(电子邮箱),再将商品通过电子邮箱进行出售,如此而已。

有时候,实际出售商品的网络机制称为"联盟营销网"②,它们通常都有自己的电子杂志、推特或博客等。通过这些平台将商品信息散播出去,如果成功卖出,就能赚得手续费。当然,网络新贵也是联盟营销网的一环,也会出售他人的商品。

这群人就如同"新新城族"的名号般,形成一个非常坚固的网络,彼此间互相联合,在同一个时期一起推出同样的商品,一口气让商品遍及整个市场,借此炒热商品,

①新新城族:过去名噪一时的网络新贵堀江贵文等,大多住在六本木新城,被称为"六本木新城族",后来渐渐销声匿迹。最近日本又出现了一群新的网络新贵,被称为"新新城族",其中又以与泽翼为典型的代表人物。

②联盟营销网:帮助厂商营销及出售商品的一种网络机制,当厂商成功卖出商品后,再从中抽取佣金。

以达到迅速销售的目的。

这种做法，其实是很传统的营销手法。

以免费优惠来换取顾客名单，这种做法有很多业界都在使用，例如，"录入数据就有机会抽中赠品""来信申请即可获得试用包"等。这些大家都熟悉的大公司促销活动，其实就和"新新城族"的做法完全相同。

至于协助出售以赚取手续费的联盟营销网，其实就是所谓的代理商。例如，大家都知道的"保险妈妈"① 也是一种代理商，她们代替保险公司来推销保险，再从中收取手续费，道理是一样的。

大家同时卖同样的商品，一口气炒出商品知名度的做法，跟举行特卖会是一样的，甚至把整节电车车厢包下来做广告的车体广告，也是其中的一种方法。

"新新城族"所采取的赚钱模式，只是结合了一般企业都会做的各种营销手法，把它放到网络上去进行而已。

只要像这样把他们的手法一一分解研究，就一定可以

_____

① 保险妈妈：以前日本的家庭主妇会兼职替保险公司推销保险，因此大家都称这群人为"保险妈妈"。

找到许多适合自己的点子。

只会一味批评的人，就等于放弃学习他人成功经验的机会。像这样的忌妒心态，其实是一种使人们学习能力低下的情绪。

● 忌妒会使想象力变弱

忌妒也会让人的想象力变弱。

想必很多人都会同意"对有钱人要多征一点儿税"吧，不过，当我们在看电视娱乐、睡觉休息或喝酒享乐时，这些有钱人都还在努力工作，就是这份努力所换来的成果，让他们成了有钱人。

只要能对这些背后的因果关系稍做想象，就会知道"对有钱人要多征一点儿税"的主张，是多么自私的想法。

或许是因为一旦承认"异于常人的努力才造就了他的成功"，就等于默认了自己的无能和努力不足，有损自尊心，所以才会拒绝去想象及揣测他人成功的背后因素。

借由贬低对方来发泄自己心里的不平衡，装出一副"不屑一顾"的漠视态度，其实只是剥夺了自己发展想象力的机会罢了。一旦这么做，就会使得原本应该属于正面资产的大脑顿时成了负债。

● 舍弃忌妒心的方法

虽然这么说，但我也经常受到忌妒心的影响。

做房地产生意的我，每当听到朋友公司"卖出上亿日元的物件"时，就会很在意。

在保险生意方面，对"×××成为TOT会员"（TOT，Top of the Table，顶尖百万圆桌会员，顶尖保险业务员的基本门槛，年收入七千万日元以上）之类的消息，也会变得特别敏感。

我也有涉猎外汇投资，听到知名投资者"这个月获利×千万日元"，就会恨得牙痒痒的。在举行讲座方面，对于"某某某办了一场每人入场费十五万日元的讲座，最后有一百人来报名"之类的消息，我总是会坐立难安。

甚至是写书，只要听到认识的作者朋友出了一本销售好几万册的畅销书，我就会不甘心。

在现今这个时代，各种信息随时都在网络上瞬间传来，不断地显露出自己的无能和挫败。这种时候，倘若无法学会将忌妒心转换成正面能量的方法，很快就会被忌妒的情绪击倒。

以下介绍我的几个思考习惯，可以帮助大家舍弃无益的忌妒心，转换成向前迈进的正面能量。

①漠视对方的人格，只把注意力放在他成功的过程上

以前述的"新新城族"为例，有很多人都是年纪轻轻就成功赚大钱了，因此有些人会觉得他们的发言过于"自大傲慢"。正因为像这样只把焦点放在对方的人格表现上，才会看不顺眼就生气、无法接受。

然而，如果把焦点放在对自己成长有利的部分，其实对方的人格如何，一点儿关系也没有。

他们温和也好、蛮横也好，甚至是老实或傲慢都无所谓，对自己一点儿影响都没有。

再说，就算要模仿对方的个性，也不可能办得到。

因此，完全不需要在意人格问题，只要专注于他们成功的过程，从中找出值得参考的部分就可以了。

②坦诚表现悔恨的心情

悔恨和忌妒看似相同，其实是完全不一样的两种情绪。

忌妒不会让自己有任何行动上的改变，但是悔恨会让

自己觉得"我只是不如他努力罢了""我一定要更努力才能赢过他"等，这样的心情将成为提升斗志的动力。

先承认自己不如他人，接着通过仔细分析对方成功的原因，找到自己应该努力的要素，并以此为目标采取行动。如此一来，就能将忌妒心转换为成长的原动力。

面临被解雇或公司倒闭，就会变得不知所措。

●"依赖他人→将失败怪罪于他人→心生不满"的恶性循环

依赖心强的人的特质，可以用一句"都是别人的错"来形容。

找不到工作是学校的错，工作不顺利是上司的错，孩子任性是另一半的错，退休金缩水是政府的错，赚不到钱是公司的错。

无论任何事，都把错怪罪到别人身上，这么做或许很轻松，但这等于把自己的状况交由他人来掌控。

这种心态和"在背后说他人坏话"很像，这种类型的人因为自己想不出方法，一旦事情不如己意，就会立刻心生不满，感到愤怒。

依赖政府的人，会对政府乱花国民的纳税钱而感到气愤；遇到灾害时，若政府反应太慢，也会生气。依赖公司的人，一旦奖金变少，就会恼怒；若被解雇，就会愤愤不平。依赖上司或下属的人，当工作进行状况不如己意时就会生气，若被反驳时也会心生怒气。

● 一旦把所有事都视为自我的责任，大脑将会全力启动

他人一定不可能照你的想法去行动，因此前提就是不要依赖他人，而是靠自己去开创，做每一个判断和决定。这才是关键。

除此之外，要把所有事情都视为"自我责任""自己的屁股自己擦"，以这种心态去面对并采取行动。如此一来，就会全力启动大脑，针对危机对策和解决问题的方法，去研究思考，做好事前准备。

如果可以舍弃对政府的依赖，为了预防养老金缩减，得事先存好个人积蓄或确定专项养老基金，并搬到自然灾害较少的地区居住。

如果可以舍弃对公司的依赖，就会先假想万一自己无法继续待在公司时的状况，而为了日后的转职来磨炼自我的能力。

在工作上，也能毅然地将所有事情都视为"自己的责任"或"最后由我来承担责任"，这样的人才有办法获得真正的自由。

到头来，把一切都怪罪到他人头上的人，是最软弱的，而将一切都视为自己的责任的人，才是最厉害的人。

● 负责任能为自己带来最强的立场

要获得这个最强的地位，方法很简单，就是自己思考，自己判断，最后的结果也要自己承担。

会依赖的人都是不思考的人，放弃自己思考，也放弃自己做判断，所以不得不顺从他人的发言，依赖对方。

这样的人因为没有为将来做任何假设预想，也不思考有状况发生时要如何应对，因此一旦发生问题，就只能责怪他人。

就算听他人的话，也只能作为参考，还是要靠自己搜集各种信息资料，针对好处和坏处进行分析及判断，并思考怎么做才能避开风险，以及当风险真正发生时，又该如何应对。

经过思考判断后，知道回避风险的方法，或风险发生时自己能够承担，或好处会大于坏处，再断然做出决定。

举一个很浅显的例子，我把家里的照明设备全换成了LED 灯，也换了一台超节能省电的最新型冰箱，并装置了太阳能设备，用来提供咖啡机、计算机和手机的电力。

后来，当我家的电费因此减到只剩过去的三分之一时，我对电力公司的任何政策都毫不在意了。

有些人遭遇投资欺诈，都是因为被欲望冲昏了头，而将金钱的掌控权交到他人手上。为了避免发生这种状况，自己的钱必须自己掌握。我也不再把钱拿来投资任何人，或交给任何人去运用了。一些无法直接投资的新兴市场，就只能靠投资信托来交易，但基本上都是我自己直接操盘。

只要减少让他人的行为来左右自己生活的状况，情绪就会渐渐不受影响。

32

跃迁，成为很厉害的人

×|舍弃"符合自我能力"的心态|×

● **无法舍弃的人**

　　在时代和环境变化中，被抛在后面。

● **成功舍弃的人**

　　突破现有能力的极限。

"符合自我能力"的想法，是阻碍成长的主要因素，因为这种想法等于用自己的判断来擅自为自己的能力划下界限，逃避接受挑战。

"这对我的能力来说负荷太重了。"
"我的能力只适合做这样的规模。"

这样的自我判断真的正确吗？会不会只是拿以前为自己定下的极限，来看待如今已经有了好几年成长的自己？无视自己的成长，还是用过去同样的能力来衡量自己？

虽然这么说，想法较保守的人还是会有所顾忌。对于这种类型的人，以下的方法可以帮助你抛开自我设限的想法。

①舍弃弱点

一旦觉得没有自信或认为自己有什么缺点，就会变得裹足不前。然而，自己觉得是缺点或弱点的部分，一定可以转化成为优点。

例如，我不太爱说话，公司员工也曾针对这点向我反映："不知道老板你到底在想什么。"我认为这是我的缺点。

不过，有一次，有个客户跟我说："话太多的人根本不能信任，像你这样讲话只讲重点、没有废话的人，才值得信赖。"

虽然他这么说，我却仍然半信半疑，没有放在心上。就在这时，我读到一篇有关某专业女棋士的采访报道，顿时恍然大悟。

这位女棋士觉得自己"很可爱"，因此想进入演艺圈发展。不过，像自己这般样貌程度的艺人比比皆是，因此可以想象到，就算自己进了演艺圈，也不会有多好的发展。于是她开始思考，自己的美貌在哪个领域可以成为优势。这时候，她想到的是围棋。女棋士本来就比较少，因此年轻女性会特别受到注目，若再加上颇有姿色，应该会获得不少人气和赞美。

读到这里，我终于同意了当初客户说的那段话。

"话不多"对管理员工来说，虽然是个缺点，但面对客户做简报时，就成了我的优势。也就是说，只要改变立场，缺点也能变成优点。

小时候，为长得太高而烦恼的女生，长大后在竞争舞台剧女演员时，身高反而让她在众多竞争者中显得突出。虽然认为三流大学的学历是自己在竞争中的弱点，但因为过去的经验，自己很清楚准备大学考试时的盲点在哪里，因此对于偏差值三十以下的学生来说，反而可以成为一个非常有帮助的家庭教师。像这样的例子不胜枚举。

如果觉得"自己无法发挥"，感到有志难伸而烦恼时，不妨试着找找看"自己的缺点在哪些地方会获得重视"。

②舍弃自己的优势

相反，也可以试着舍弃自己的优点，把自己擅长的部分、做得比别人好的部分、有自信的部分，全都抛开。

如果只着眼在自己的优势上，可能一辈子都不会去挑战自己或许可以有所发挥的其他领域。

我擅长的部分是投资房地产和外汇，相对地，一直以来都避开投资信托这部分，因为除了成本较高之外，投资信托也无法以少额的投资获得极大利益，基本上只有年景好时才有可能获利。

然而，2013 年 5 月，安倍经济学瓦解，新兴市场货币暴跌，借着这个时机点，我开始试着挑战把钱投入投资信托中。一年后，我将投资重心放在月配息型的投资信托上，一年可以获利百分之二十以上。

虽然不知道将来会怎样，但我至少清楚这部分的投资意外地可以稳健地获利，这份经验也能用来作为出书或演讲的题材。

我并非自吹自擂，而是要告诉大家，我借由舍弃自己擅长的部分，转而挑战自认为陌生的事物，让自己发现了新领域。假使我一直保守地执着于房地产或外汇投资，将无法取得这样的收获。

● 只要舍弃，就能从自己身上发现新的能力

从顺应时代和环境变迁的角度来看，抛弃固有的优势，挑战新领域，才是掌握生存关键的唯一方法。

从个人的角度来说，在工作上转换跑道或改变职位，就属于这种情况。

虽然说起来容易，但对于一般人而言，要舍弃自己一直以来的行业或职位，都需要一定的勇气。一旦转换跑道，以前所累积下来的知识、经验和人脉等，都可能丧失原本的价值，无法再利用。这么一想，其实很吓人。更别说一切从零开始，这会让人觉得"很麻烦"。

不过，只要认真去做，以前的经验一定可以派上用场，因为无论是哪个领域，进步和成功的因素大多相同。

当艺人转行做主持人时，之前当艺人时的说话技巧及"看脸色"的能力，还是可以活用在主持工作上。之前做高级轿车销售员，做得有声有色的人，一定也适合卖房子或保险业务。

以我的例子来说，除了外汇和房地产之外，我也会用同样的一套逻辑方法来做其他投资。如果是像房地产一样投资报酬率又高又稳定的商品，不管市价如何，一定会赚钱。任何东西只要像外汇一样买在低点、高点卖出，就能赚到钱。这些道理无论放在任何投资目标物上都一样适用。

● 不要把"才能"当借口

有些人在划定自己的能力或选择放弃时，会使用"才能"这个说法。例如，"我没有那种才能"或"因为那个人是天才"，等。

事实上，我认为这些人并不是没有才能，而是几乎都误解了自己的才能可以发挥在哪些地方，或是根本就不懂得如何磨炼自己的才能。

上面的意思当然不是要大家快去"探索自我"，或立刻放弃现在的目标，往下一步前进，而是希望大家对于一些

面对自卑的心态，如果方法用得不对，很有可能会错看自己的潜力。觉得"反正自己就是……"而变得卑微。

觉得"大家一定会认为我……"而提不起劲。觉得"反正那家伙……"而变得妒忌他人。

在这里，我想教大家如何"把自卑变成武器"。

老实说，我就是自卑感很重的人。虽然很多人都觉得我身价好几亿日元，又写了这么多本书，是很成功的人，但这些都只是表象。其实我内心充满了自卑，甚至感到不安。

● 自卑感就是财富

不过，一直到了最近，我慢慢觉得自卑感其实是一种很大的财富。

举例来说，我在 2007 年开创了我的另一个事业——声音训练课程"Business Voice"，生意非常好。这个事业的灵感完全是出于我的自卑感。

我经常在研习会等各种场合上，在众人面前说话，但我一直有个困扰，就是我很容易没说几句话就喉咙沙哑，舌头打结，说话不清楚。

我一直在想办法改善这个问题，当时坊间有许多针对

"歌唱"所进行的声音训练课程，但提供"改善说话声音"相关课程的学校只有两处。我报名了其中较具规模的一家，上了两个月的课程，状况却完全没有改善。

当时，在一个偶然的机会下，我遇到了音乐家秋竹朋子小姐，跟她聊起这个问题。她教了我一些简单的方法，当场我的状况就有了极大的改善。

于是，我邀请她跟我一同创业，因为我认为和我同样有声音这方面困扰的人一定不少。果然，就和我想的一样，不只是大人，就连小孩也有这方面的困扰。于是，造就了我们声音训练课程"Business Voice"如今的盛况。

顺便一提，这位音乐家如今也成了我的妻子。

● 所有自卑感都能开创出一片市场

除了声音上的困扰之外，我在学生时代曾有过一段非常贫穷的日子，因此对金钱也有自卑感，很希望能不靠辛劳就赚到钱。

于是我开始投资，累积资产，也成立了投资相关的电子杂志。后来，有出版人看到我的电子杂志，问我想不想把内容结集成书出版，这也成了我广泛发表金钱相关信息的契机。

我对自己不会说英文也有很强烈的自卑感。就算我有美国执业会计师的资格，也曾在外商公司工作四年，但还是没有因此让英文变得非常流利。我听得懂，却说不出来。我想改变这样的自己，于是在四十二岁那年，我终于报名了菲律宾宿务岛的英语学校。刚开始的第一个星期过得非常辛苦，后来慢慢习惯了，才过了一个月，我就已经有自信说英文了。

如今，我成了宿务那所英语学校的留学代办商，因为我想让更多人体会我当时的体验，以及可以用英文和不同国家的人交谈的感动。

我周遭也有很多人跟我一样，把自己的自卑感转换成事业。

例如，自己有肌肤干燥的困扰，于是从事了美容事业；曾为了孩子的异位性皮肤炎而苦恼，后来开了网络商店，卖起这方面的相关产品；过去工作时业绩总是拖后腿，于是从事了业务顾问的事业；想结婚却找不到对象，最后开了婚友社；曾为离婚所苦，后来成了离婚咨询师。

换言之，"任何自卑感都能开创出一片市场"。假发也好，生发也好，减重也好，整形也好，甚至是英语会话能力或未婚联谊活动等，全都是由自卑感所衍生出来的生意。就如同大家所知的，这些全都是商机非常大的市场。

● 越敏感的人，越会为自卑感所苦

"把自卑处转换为生意"的做法，对许多人来说或许会觉得不切实际。对我而言，无法转换成生意并用来赚钱的自卑感，完全可以不用放在心上。

因为我发现，到头来"只有当事人会对自己感到自卑"，其他人根本毫不在意。

就算跟朋友说，觉得自己最近变胖了，朋友的回答也只是："啊，你这么说好像是吧！"跟朋友说，最近自己的白头发变多了，朋友只会告诉你："过了四十岁，当然会有白头发。"

其他人根本不像你所想的那么仔细地在观察你，更没有兴趣这么做。甚至听我说了这么多关于我的自卑感，你一定也只是听听而已，一点儿都不放在心上吧。

关于自卑所带来的烦恼，很多都只是源自"他人一定会觉得我……"的单方面想法，事实上完全不是如此。

也就是说，明明没有任何人在意，自己却在自寻烦恼。坦白说，就是"自我意识过剩"，或是"自以为是的家伙"。

想要隐藏自卑处的心态，会让自己变得卑微。如果将之表现于外，就有可能成为一种个人特色。所有事物都有两面性，因此自认为是弱点的部分，也能变成优点。

只要这么想，一定就能充满力量，舍弃自卑，勇敢向前了。

34

放心，天不会塌下来

×　舍弃担心　×

● 无法舍弃的人
　　浪费无谓的时间和力气。

● 成功舍弃的人
　　找到真正该做的事。

你现在对什么感到不安？金钱、工作、结婚、生孩子、老后的生活规划？或者也有可能是下个星期的生意或结婚典礼上的演讲。

然而，就算在意这些，大多也都毫无意义。毕竟这些都是还没发生的事，没有人知道会变得怎样。担心还没发生的事，充其量不过是在妄想，只会耗费时间和力气，完全不会让自己得到任何向前的动力。

只有解决问题的具体行动，才有办法消除不安。

为汇报能否顺利进行而感到担心时，只有不断练习，才能消除心中的不安。例如，确实将所有数据备齐，事先设想好会被问到的问题，并做好回答的准备。在同事和上司面前，先实际彩排一遍，接受大家的改善建议。把彩排的过程录下来，从中发现自己不好的习惯并加以修正。不断练习说话时保持笑容，以及可以吸引大家目光的姿态和手势。

借由这些练习，才有办法果断地说服自己"已经做这么多准备了，所以不怕"，才能将不安的心理状态转变成自信。

如果找不到具体方法，就表示不安依旧会存在。只是莫名地感到不安，事实上弄不清楚自己到底为什么不安，因此也找不到消除不安的方法，心里的不安当然就不可能消失。

因此，当面对不安的状态时，一定要先找出引起不安的具体因素，把抽象的心理状态转换成具体的事物。

● 将不安化为具体的课题

举例来说，"老后的不安"指的到底是什么？是金钱、健康，还是孤独？

如果不安来自金钱，可以先到年金咨询中心做年金给付试算，对照自己设定的生活水平，计算出差额，了解自己必须提前准备到何种程度。

而针对准备的方法，有确定提拔制退休金、个人年金或老年保险等负担较轻的选择，或者也可以现在就开始试着准备副业，好让自己退休后还能继续工作。

如果担心老后的健康问题，现在就要开始注意饮食和生活习惯，让自己变得不容易生病，并且选择一个压力不会太大的生活环境。如果担心老后会孤单，可以先想好方法让自己以后不会只有一个人，例如，生孩子或结交兴趣相同的朋友等。

只要像这样确定了具体行动，不安就会从抽象的心理状态转变成具体的"课题"。接下来，只要找到解决课题的方法，一一去实行，就算无法完全消除担心，也应该会安心许多。

● 决定优先级后，就会发现许多不必要的担心

在找出不安的真正因素之后，就会发现有些担心其实是来自周遭人的煽动，并非自己真正的不安。

例如，假使真的担心自己结不了婚，就必须思考该怎么做才能结婚，参加未婚联谊活动也好，或是找出以往恋爱失败的原因等，再一一去实行。

如果只是担心，却还是整天不出门，生活范围只有公司和家里，这时就会知道自己并非真心想结婚，因此对这件事烦恼也没有意义。

如果害怕地震，可以买地震险，替房屋做好耐震措施，或是搬到地震较少的区域等。

假使觉得这些方法"办不到"，不妨思考一下为什么觉得自己办不到。如果是因为"还有工作，不可能搬家"或是"没

有钱做这些事"，就表示比起地震，自己更在乎工作或金钱，因此"担心地震"就变得没那么重要了。

如果真的害怕地震，就算是得换工作或借钱，也会想尽办法改变现状，因为与危险比邻而居，更让人害怕担心，毕竟活着才是一切。

就好比现在的状况是"这个月之内，如果不搬到美国，全家就会被杀"，这时一定会马上辞掉工作，卖掉房子，无论如何一定要搬到美国住，甚至还会拼命学英文，在美国当地找工作。

因此，"知道却不能做或不做"的事，就表示其实没那么担心。对于这种类型的事，就算烦恼也只是白费心力而已，根本就可以直接忽视，不去想它。

如此一来，人生就能减少很多浪费时间的空烦恼和不安的心理状态了。

35

有德不在勇

× 舍弃正义感 ×

● 无法舍弃的人

　　成为眼光狭隘的顽固之人。

● 成功舍弃的人

　　找到多元的解决对策。

很多人都觉得有正义感的人都是对的，希望自己也能有强烈的正义感。事实上，正义感越强的人越会受到周遭人的嫌恶，也很容易让机会从自己手中溜走。

原因之一是，越觉得自己的想法就是正义，就越不想原谅他人的行为。这种类型的人觉得和自己不同的价值观或行为都是"错的"，于是会加以责难，并试图纠正对方的行为。事实上，从某个层面来看，正义感不过是把自己的价值观强加在他人身上罢了。

所以，如果有人对你说"你很有正义感耶！"，这时可别感到高兴，反而应该觉得"糟糕了"才对。

换个角度来看，正义感强的人不过就是顽固的人，说难听一点儿，就等于"无法忍受不同的价值观，因而批评他人，甚至想改变他人的施压者"。

● 血汗企业真的可恶吗

举例来说，"黑心企业不可原谅"的想法，真的就是正义吗？以厚生劳动省公布的"过劳死底线"来看，加班时间最多"每个月八十个小时"，以一个月工作二十天计算，等于平均一天加班四小时。

这当然不是大家共通的标准，也有人加班还不到过劳死底线，身体就出状况了。而像我过去待过的管理顾问界或银行投资界等，也有人一个月加班超过两百小时仍毫不在意。

在商场上，比起所花的时间，最后所产生的价值更为重要。因此对个人来说，可以成立的一个观点是，即使是无偿加班，如果能提升自我能力，以后也可能成为一个富有的人。

更何况，草创期的新创公司几乎都是血汗企业，除了社长以外，所有员工几乎都不回家也不休假，大家都在拼命地工作。

如果在创业初期遵守准时下班的规定，真的有办法在竞争激烈的市场中脱颖而出吗？虽然法规规定加班必须多支付给员工基本薪资的四分之一，但还在创业投资期的公司，真的有能力做到吗？

总之，非得尽力去找单子不可。再加上公司没有钱，工作就只能由少数人来共同分担。一旦工作质量下降，就会输给其他竞争对手的公司，因此对客户的工作质量绝对不能马虎。要做的事堆得比山还要高，因此每个人都是废寝忘食地拼命工作。

在这个过程中，有人得到成长，也有人辞职离去。有人落于人后，也有人活用经验另起炉灶，自行创业。新创公司的存在，证明了一个国家经济的活力。

放眼海外，无论是欧美人还是亚洲人，所有国际级的精英人士都以难以置信的拼劲来面对工作。假使日本推崇的是相较之下较温和的工作方式，将使得日本的国家竞争力空前落后，最后成为贫穷之国。也因为如此，一些了解实情的国际企业经营者，对日本的企业环境都抱着极大的隐忧。

从另一个角度来看，可以准时下班、没有加班、待遇又好的这些所谓"幸福企业"，之所以能维持如此待遇的环境，全都是因为他们卖的是利润较高的商品。换句话说，就是价格比较贵，甚至说难听一点儿，就是不法暴利。

因此，以幸福企业为目标，就等于想进入会从顾客手中赚取不法暴利的公司工作。再说下去虽然有点儿冗长，但考虑到以上这些观点，光靠工时长、无偿加班、薪资低等这些表面的状况，就断定"这是血汗企业"或"一定要抵制这样的公司"，对整体社会真的会有帮助吗？

这只是单一例子，不过整体来看，正义感强的人都有可能太执着于自己的想法，最后使得看待事物的眼光变得越来越狭隘、短浅。

● 正义会因立场不同而改变

"正义"的定义会随着时代、立场或环境的变迁而有所不同，因此要特别留意，千万不能轻易地妄下判断。

我曾听过这样的一件事。

有三个小孩在地铁站台上跑来跑去，不停打闹，一旁像是爸爸的男子却一直低着头，完全不顾身旁嬉闹的小孩。

一旁看不下去的女子，小声地在男子的耳边对他说："你的小孩这么吵闹，应该注意一下才好，不然会对别人造成困扰的。"

这时，男子才恍然地抬起头："对不起！我老婆刚刚在医院去世了，我现在整个人一团乱，所以没注意到。"

女子听了，当场说不出话来，因为此时她对这父子的看法，已经从之前"不负责任的爸爸跟任性吵闹的小孩"，变成了"因老婆去世而不知所措的先生，跟不知道妈妈已经死去的可怜小孩"。

面对某个状况，只会自以为是地凭自己的伦理观来判断而对人说三道四，这是多么愚昧的一种行为。

换句话说，大家必须了解，对行为举止异常或失言的人给予批评谴责，并非就叫作"正义"。

● 不必理会说不出所以然的人

针对如何尊重其他不同的价值观，方法有两个。第一个方法是一句非常有用的"咒语"——面对任何发言或行为，全部都以"原来如此"来应对。这么说之后，大脑自然会开始思索对方言论的正确性。

举例来说，你对行使集体自卫权持反对立场，因此无法接受政府最后同意行使的决议。这时，你要做的不是到首相官邸前参与示威抗议，而是试着先告诉自己："原来如此！"

一旦这么想，大脑便会开始思考主张赞成的正当性，例如，"原来如此！的确，如果依照现在的做法，最后只会变成就算看到自己的朋友被打，也会假装没看见"，或是"原来如此！如果要等到被击落才能反击，根本就无法保护飞行员或船员的性命"等，这时，就算还是无法赞成，也会理解政府为什么要做这种决议。

另一个方法是针对"对方为什么要这么说"，找出背后的原因。

例如，假使有人说："金钱也能买到爱情。"很多人对于这样的言论，都会忍不住反驳："不可能。"这时，要做的就是思考对方"说这句话的背景是什么"，如果想不出原因，可以试着上网查数据。

于是，你会发现，在一些新兴国家中，真正受异性欢迎的都是有经济能力的人，或者在日本的婚介公司或未婚联谊活动网站上，收到最多相亲要求的，都是一些收入高的人。从这些状况便能理解，还是有不少人认为金钱是爱情的重要因素。

如果是在对话过程中，遇到无法理解的发言，可以直接问对方："为什么你会这么认为？"虽然受家庭环境和经验影响所形成的个人观念很难说明清楚，但能够确实地将自己的观念转换成语言的人，通常其主张都具有相当的合理性。

还有另一种状况是，因为被要求说明，当事人才回过头来思考"对啊！为什么我会这么认为"，甚至最后也有可能会推翻自己的想法。

相反，面对"反正很奇怪就对了"或"不行就是不行"等，这类无法合理说明的主张，由于其毫无根据，就不必多加理会。

既没有依据，也没有经过验证，就表示这个人基本上对自己的发言根本不负责任。对于这样的人，说再多或做再多都只是浪费，最好的方法就是不必理会。

36

定义你自己的人生

× 舍弃他人的成功标准 ×

- **无法舍弃的人**

  受限于社会和他人的标准。

- **成功舍弃的人**

  定义属于自己的成功标准。

"成功"一词,包含了"顺利""赚钱""幸福"等意味,非常抽象,却也非常好用,就连我在本书中也经常使用。

不过,很无奈,我还是建议大家最好舍弃"期待成功"的想法。说得更具体一点儿,就是"舍弃他人所定下的成功标准"。

因为,收入、资产、知名度等,这类社会上大家经常用来判断"成功"的标准,对个人而言都不过是构成成功的单一要素罢了。

● 成功者从来就不觉得自己成功了

一般被称为"成功者"的人,大家所看见的成功都只是外在的表面部分,对这些人的内心其实一点儿都不了解。

我有个女性朋友,是非常成功的心理咨询师,在全国各地共拥有十家心理咨询中心。不过,或许因为她是家里主要的收入来源,年纪比她小的先生因此受不了沉重的外界眼光,最后选择和她离婚了。

我的另一个朋友是传承好几代的食品老店接班人,拥有数十亿日元的资产,却被保留传统与持续创新的双重压力压得喘不过气来,只好不断在寻找自我的讲座和研习会中徘徊，试图找到出口。

我的作家朋友中，有个畅销作家，一直因为没有孩子而苦恼。他担心将来父母离开人世后，兄弟各有家庭，万一另一半也去世了，自己就真的会变成孤独一人了。

也有人说我很成功，但我自己完全不这么认为。我一直因对现在的状况不知道能持续多久而感到不安，对于孩子的教育也不知道该怎么做才适当。若是光比较收入和资产，比我优渥的大有人在，我并非富裕到可以一辈子玩乐度日。

● 定义自己的成功标准

金钱可以化成具体的数值，因此很容易就被用来作为基准，也很清楚易懂。不过到头来，在现今社会中，几乎看不到光靠金钱就拥有"成功"、得到幸福的单纯人生。

事实上，当事人对于自己成功与否的定义，光从表面状况是看不出来的，因此大家一定要特别小心，千万不要对社会上或媒体宣称的所谓"追求成功"的诱饵轻易上钩。

"成功题材励志书""赚钱情报信息商品""成功讲座研习营""成功必备道具或科技工具"之类的东西，大多只是浪费钱而已，因为这些都是依据他人标准之下的成功所衍生出来的商品。

无论是投资还是加盟，最后真正赚到钱的，都不是追随潮流的人，而是那些主宰者或企业。

然而，如果为自己定义了"专属自我的成功"，就能默默地专注于自己该做的事情上，而不会再羡慕或忌妒他人，不会受诱惑而做起类似欺诈的买卖，也不会因为旁人的言论而感到焦虑。

那么，该怎么做才能找到专属于自己的成功标准呢？

其方法就是以自己可以接受、满意且不会后悔，可以笑容以对，可以体会到充实感的事物来作为标准。这个标准应该会因人而异，例如，有人喜欢拼命工作时的自己，也有人觉得在生活中穿插工作与旅游，更能感受到乐趣和起伏。

我对成功的定义则是"在生活中可以维持多久的笑容""可以得到多少感谢""可以获得多少成就感""能否乐在过程中""能否晚上心满意足地入睡，早上充满斗志地起床"。

相反，我对累积资产一点儿兴趣也没有，反而觉得钱

"反省"有个陷阱，会让人在反省的过程中，完全专注于"自己很无能"的念头上。

例如，"注意力涣散，成不了事"或"沟通能力不好，无法成功"等，像这样苛责自己，只会让心情变得更沮丧而已。

一旦自我否定的念头越来越强大，就会为自己设下限制，例如"反正我一定做不到"等，开始为自己寻找"不必尝试的合理借口"。

怪罪他人不会让自己有任何成长，但自我苛责也很难让自己产生向前的动力。除此之外，假使日后又遭遇相同状况，可能会感到更害怕、更想逃避，即使自己已经有能力克服问题了，也会觉得"算了，以前已经失败过了，这次更不可能会成功"，因而让机会平白溜走。

● 以分析状况、思索对策来取代反省

因此，大家应该做的是舍弃"反省"，取而代之地必须要"分析"状况，思考"对策"。

不是单纯地反省"都是我的错""是我不好"就好，而是应该进一步去分析"事情发生的原因"，并思考"下一次

该怎么做才行"。念头这么一转换，沮丧的心情就会降到最低，也能产生面对"下一次挑战"的斗志了。

在许多成功者身上，都能看到一个共通的思考逻辑——对于发生的事本身不必在意，只要记住从中得到的教训就好。

这么做的用处是，因为已经忘了自己曾经失败，因此面对下一次挑战时就不会胆怯。但由于记得之前失败所得到的教训，于是再次面对挑战时，就能做出更适当的判断和行动。

我虽然不是成功者，但之所以可以乐观积极地面对任何挑战，就是因为我有这样的思考习惯。

我对过去发生的事一点儿兴趣也没有，当下就会忘记。小时候的事，我现在完全不记得了，就连二十几岁的记忆也只剩下片段。

不过，对于怎么做可能会招致失败，或什么情况下该怎么做才行等，我记得一清二楚，而这些记忆后来也成为我在面对状况时瞬间行动的判断基准。

对于过去两次经营公司失败的经验，或是投资亏损好几千万日元的经验，我既不后悔也没有因此自责，只是深刻记住了过程中所得到的"教训"，例如，"那时候的判断错了""下一次应该这么做"，等。

● 任何人都能学会"经营者的直觉"

我也会主办讲座或各种活动，因此早就知道募集客源是多么困难的一件事，甚至还曾经发生过租借了可容纳一百人的活动场地，最后只来了三个人的惨痛经验。我也曾针对网站上的搜索引擎优化对策，进行了多次的错误尝试，同样也理解赚取点击率的困难。这些经验让我现在可以轻易地分辨出什么是轻松的赚钱方法。

现在，偶尔会有一些想创业的人拿着创业方案来找我讨论，甚至邀请我一起加入。这当中有些方案确实架构很好，也很有理想性，商品具有魅力，就连使用者的便利性也考虑得很周全。不过，缺少了在市场上的众多类似服务中脱颖而出、吸引消费者的关键因素，对于如何搜集客源也没有提出任何对策。

这些方案中，大部分的使命或商业模式都很好，却都忽略了最重要的搜集客源和广告宣传方面的想法。

过去，我也曾反省过自己的失败，甚至陷入自我厌恶的念头中。最近，我已经不再反省了，连带地，也较少陷入沮丧的心情中。

现在我认为，和反省要比，"分析原因和思考对策"才能使心情恢复平稳，更能让自己获得成长的助力。

38

这是最好的时代

× 舍弃 "社会严峻" 的心态 ×

● 无法舍弃的人

　　被迫过着艰辛、不自由的生活。

● 成功舍弃的人

　　人生变得更轻松。

有人应该听过"社会是严峻的""社会没有那么好混""那种天真的想法在社会上是行不通的"等说教吧，甚至也有人对这些论点深信不疑。

不过，和小时候的感觉相比，现在的状况反而让我觉得"这个社会怎么变得这么美好！""这个社会也太轻松了！"。

因为许多企业所提供的商品和服务，都把我们的生活带往更轻松、更富裕、更自由的方向。

以食、衣、住为例，过去，衣服属于高价商品。如今，随着 UNIQLO 和 H&M 等快销时尚品牌的出现，衣服不仅变得更多元丰富，价格也有了极大的跌幅。

从食的方面来看，拜廉价外卖连锁店所赐，现代人的外卖费负担比以前减少许多。超市中，也有很多低价的自有品牌商品。如果是讲究食品安全的人，也可以直接向农家购买农产品。无论是衣服、食品还是生活用品，各种网络商店等网购平台应有尽有，不管住在哪里，日常生活都不成问题。

在住的方面，过去我到东京生活的那段时间，正好是泡沫经济全盛期，当时租房子付两个月订金是理所当然的

● 现代人都把事情想得太困难了

一旦认为"社会没有那么简单"或"社会是严峻的"，面对新事物时就会变得裹足不前。

此外，面对不合理的状况时，也会开始产生非忍耐不可的心态，把困难的事当成有意义的事，甚至会把事情想得比实际更严重、更复杂。

事实上，这一切真的完全不是如此。失败了，只要重新来过就好，只要不是将全部财产一次投入，就会有东山再起的机会。

曾有人说过，日本是个对失败者相当严厉的社会。所谓失败者，究竟指的是什么人？是事业失败的人吗？

失败了，只要重新来过就好。就算公司倒了，也不会受到任何限制，任何人都可以重新创业。

这么说来，不就表示任何事情都做得到了吗？

大多数人都把社会想得太困难了，事实上，这个社会出乎意料地相当简单轻松。只要像这样念头一转，就能看见许多机会朝你而来。

39

没有漂亮学历也能成为精英

× 舍弃学历和资格证书 ×

- **无法舍弃的人**

  被认为是太闲的人。

- **成功舍弃的人**

  自我投资能获得最大的回报。

我一直有个疑问，小学→初中→高中→大学→工作的求学过程，真的是正确的吗？

我们的教育内容顺应时代的变化做任何改变了吗？我会这么说的原因是，当今社会上的就业机会和以前相比，已经有了极大改变。

● 孩子的工作将是如今尚未出现的职业

举例来说，我刚读小学时，手机、智能手机、网络等都还不存在，教练管理和信息安全管理也是最近才出现的行业，公寓大厦管理员则是 2000 年之后才出现的职业。

也就是说，现在的小孩在二十年后的将来所从事的行业，说不定是如今尚未出现的工作。

既然如此，就不禁让人思考，当今教育灌输给孩子的既有概念或已存在答案的理论，甚至是反复记诵固有常识中的知识，到底有何意义？

当然，工作方式、人类心理学、解决问题的方法和创意萌生的本质，并非那么容易就会改变，因此高等教育对大多数人而言，才会依旧重要而存在着。然而，尤其是日本的许多大学，都让人觉得只是培养研究人员和从业人员的一个地方罢了。

● 学校里学不到可以活跃于世界的能力

创意能力好的人，通常都会自行创业，就算是当上班族，也会是薪资所得高的高管。

事实上，在现今的环境中，唯有领先业界、重写竞争规则的企业，才有办法独占利益，例如 Apple（苹果）、Google（谷歌）、Amazon（亚马逊）等。尤其是欧美各大企业正努力投入的智能型革命，不仅改写了科技业，也改变了汽车产业和能源产业。

除此之外，在这个社交媒体兴盛的年代，邀请世界各地的各种专家、职业人士一同进行全球性计划的工作，已经成了理所当然的模式。

相对地，今日的学校教育主轴是否也跟着转变，改为以实际能力学习，甚至是讲求精密化、高度化的学习？ 例如，"创造新事物""改变固有架构""发掘事物本质""通过实际社交学习社交能力""与异于自己的主张或价值观对话"，等等。

无奈，现在大部分的学校教育仍以"考得好成绩"为主要方向，姑且不论小学，就连自我意识萌芽期的初中，以及开始探索未来发展的高中，也还是以考试成绩为重。

到了大学也是一样，只重视理论，完全忽略了实务的重要性。这样的教育对于培育研究人员来说或许很适合，但对于企业人的基础养成完全没有做到。

换句话说，身为父母非常重要的一点是，必须舍弃学历为重的教育观念，为孩子选择一个让他能靠自己的能力开创人生的教育方法。

● 资格证书的极限

至今，还是有很多人会为了取得资格证书而去进修。

在过去，拥有证书的人会被视为"有专业技能的人才"或"努力不懈、拼命工作的人"，因此在加薪或津贴、晋升、转职等各种场合，通常都能获得不少好处。

到了现在，"记忆"已经不再像过去那么有意义。拥有许多证书的人，只会被视为"时间太多、太闲的人"。

证书的另一个问题是，现在的工作环境已经呈现供需失衡的状态了。

举例来说，从 1989 年至今，司法考试、代书、会计师、税务员、社会保险劳务员、中小企业诊断员、房地产经纪人等，拥有国家资格证书的人已经增加了上百万，现在每年约有五万人取得证书。如果再加上 1989 年之前的人，数量更是可观。

除此之外，假使连簿记员和财务规划顾问等公家机关资格拥有者也算在内，拥有资格证书的人每年都以相当庞大的数量在增加。

然而，在现今这个人口减少的时代，社会上对于资格证书持有者的需求并没有跟上产出的脚步，因此造成供给过剩。供给一多，就不难想象会发生削价竞争的情况。在竞争如此激烈的世界中要生存下来，必须得有相当的生意头脑才行。

当然，我并不是全面否定取得资格证书的做法。

许多资格原本就属于独占性质的法律工作，例如税务员或律师等，另外像知识产权方面的资格需求，越来越大。有些人就是明确地想学习这种独占行业的高专业技能，进而独自创业。

不过，如果只是为了"找到工作"而去考取证书，所耗费的时间和精力可以说实在太大了。

因此，在考取任何资格证书之前，都必须先谨慎思考"这个行业是否有市场需求""这样的市场需求会持续多久""有什么方法可以将证书转换为实质的收益"，最后再做出决定。

● 投资若无法"回收"，就没有任何意义

我同意"三十岁之前要投资自己"的论点，既然是投资，就一定要有所回收才行。也就是说，在进修考证书之前，必须先想好之后要怎么回收。

最重要的回收方法，当然就是赚钱了。企业家的进修，最后都可以用"让自己赚到多少钱"为指标来评估。

因为只有让客户高兴，证书资格才有办法转换成金钱。无法转换成金钱的进修，对社会一点儿意义也没有，充其量只是满足兴趣、打发时间罢了。

● 学习与实践同时进行

以赚钱为目的的自我投资，也可以视为一种"身体记忆式的学习"。

例如，看了一本文案撰写技巧的书后，就立即动手尝

试写文案；知道顶尖业务员的技能之后，回到家立即试着模拟状况演练一番；学会了新的英文词组，就马上反复使用练习。

像这样随时留意将学到的常识直接转化为行动，把抽象的知识转换为具体的实践，对学习来说是非常重要的一环。

也就是说，企业家的进修，与其选择记忆式的方法，不如以身体来学习，也就是学会后立即实践。随着实战经验的积累，就能从中获得迈向成功的能力。

40

大欢喜不如小确幸

×|舍弃放大欲望和需求|×

- **无法舍弃的人**

    看不见生活中的小确幸。

- **成功舍弃的人**

    变得更知足。

我过去一直认为"创业就要开大公司"。

因为经营者的角色理所当然就是要创造就业机会，聘用许多人，租借气派的办公室，扩大营业规模。

每天的工作就是为了员工及公司的发展。而这应当就是我存在的意义、展现自我的方法，也是工作的意义所在。

渐渐地，我开始感觉到这样的想法和我一直期待的"自由的生活方式"似乎背道而驰了。

于是，我把房地产买卖和声音训练课程的营运等公司主要业务全部划分出来，交由其他经营者来负责，剩下的一些企划案则委托外包公司或以异业合作的方式进行。

我退掉了市中心的办公室租约，将自己家兼当工作室使用，也解聘了所有员工，卖掉所有库存和各种办公室机器，成了一人公司，改以"没有资产的经营手法"进行。

如今，一般日常业务几乎都在网络上完成，就没有出门上班的必要了。平时趁着思索新事业计划的空闲时间做点儿在线投资，或是到咖啡店写书稿，每个月还有几场演讲。与全盛时期公司营业额数亿日元的过去相比，现在的收入当然减少了许多，但因为几乎没有任何支出费用，利润反而增加不少，成了年营业额等于年收入的状况。

虽然还有努力的空间，但如今的我总算能过着自由与财富兼具的生活了。

● 他人的真实不等于自己的真实

通过这样的经验，我体会到一个事实。

虽然大家都说，"公司就是要大才好""增加就业机会是经营者的使命"，但如果做这些事不能让自己快乐，对自己来说就不是真实的。

即使这是个尊崇"专一"的社会，但面对工作和行业，就算不专一也无所谓，转换跑道再多次都没关系，也可以同时身兼好几份工作。如果鱼与熊掌都能兼得，当然比较快乐。

很多人都会说，"逃避就是认输""加油""有志者事竟成"等，但这类道德意识或来自周遭的压力，事实上将会限制你的行动。

不过，就算跌倒也能重新站起来，甚至忌妒也能让人重新振作出发。任何情绪感受，都能成为人生向前迈进的动力。只要能让自己快乐，任何事情都有可能。

真实或价值观会随着不同见解而千变万化，只要意识到这一点，就能让自己从一般常识或他人的眼光中得到解脱。只要解除这层束缚，无论心灵或行为都能变得更自由。

● 受到企业营销手法蛊惑的现代人

在日常生活中也是一样，一般人都太容易扩大自己的欲望和需求了。受到政府或企业营销手法的影响，一般人都被灌输了"理想人生"或"梦想的生活方式"的观念，因此经常"不断地提高消费层级"。

于是，我们欺骗自己把没有效果的东西当成有效而买下，将没有必要的东西视为必要而买单，在"机会难得""你值得更好"等营销话术的催眠下，买下高价的物品。

身为企业家甚至是经营者的我们，每天努力工作就是为了"卖出更多商品"。但从消费者的角度来看，这等于是"向企业掏出自己的钱包"。

在工作上，想尽办法让消费者掏出钱包；在生活中，被迫掏出自己的钱包。现今的我们，就是这样被迫同时生活在立场如此对立的两端。

一般来说，放大欲望或需求当然也会激发斗志，不过，有时候以自己的生活水平和状况来说，放弃扩大需求反而能够得到更知足的生活。

举例来说，真正需要用到大面积房子的时机，差不多就是孩子成年之前的二十年时间。过了这段时间，家里就只剩夫妻两人而已，因此如果要换房子，旧屋重新装潢的方式应该会比较合理。这么一想，就不会再受惑于"买新房子"的说法了。

比起不知道食材来源的外食，自己买安全无虞的食材回家，和家人一起做饭，反而比较快乐，就不会再受到美食资讯的吸引了。

对于旧有的衣物，只要稍微整理一下，就能保持原来的良好状态，使用几年都没问题，如此一来，就不会掉进时尚潮流的陷阱里而每年买新衣新鞋了。

生活水平高和充实的生活之间，不一定会画上等号。就算不花钱、不买昂贵物品、和大家过得不一样，只要改变自己的想法，就能过十分快乐的生活。

和喜欢的人在一起，就算只是喝一杯咖啡，也会是心满意足的时光。